Excel数据分析大百科全书 | 基础篇

韩小良 ○ 著

数据高效汇总与分析
Excel数据透视表应用大全
▶ 案例视频精华版

中国水利水电出版社
www.waterpub.com.cn
·北京·

内 容 提 要

数据透视表是Excel最强大、最实用的工具之一。本书结合大量的实际案例，全面介绍了Excel数据透视表的各种实用操作技能技巧，以及数据分析的理念和思路。这些案例都是作者在培训中接触到的企业实际应用案例，具有典型性和可借鉴性。通过案例实操，读者不仅能够学习到大量的数据透视表的实操技能，也能够为利用数据透视表来制作有说服力分析报告提供更多的启发。

本书共16章，涵盖创建数据透视表的基础性工作、以一维表单制作数据透视表、以二维表格制作数据透视表、以多个关联工作表制作数据透视表、以其他类型数据源制作数据透视表、制作数据透视表方法总结、数据透视表的布局、数据透视表的设置与美化、利用数据透视表分析数据的实用技能、数据透视图与数据透视表的联合建模应用和数据透视表的其他应用案例等内容。

本书提供详细完整的教学案例和教学视频，录制了75节共计177分钟的视频，对Excel数据透视表的重要知识点和案例进行详细的讲解。手机扫描书中二维码，可以随时观看学习。本书提供了精选自企业应用的61个实操案例，通过实际操练这些案例，读者可以快速掌握Excel数据透视表的相关知识和技能，并将这些技能和技巧应用到实际数据分析中。还赠送30个函数综合练习资料包、75个分析图表模板资料包、《Power Query自动化数据处理案例精粹》电子书等资源，帮助大家开阔眼界，借鉴参考。

本书适合企事业单位的各类管理人员和办公人员阅读，也可作为高等院校经济类本科生、研究生和MBA学员的教材或参考书。

图书在版编目（CIP）数据

数据高效汇总与分析：Excel 数据透视表应用大全：案例视频精华版 / 韩小良著 . -- 北京：中国水利水电出版社, 2025.4. -- (Excel 数据分析大百科全书).

ISBN 978-7-5226-3059-5

Ⅰ．TP391.13

中国国家版本馆 CIP 数据核字第 202541CN48 号

丛 书 名	Excel数据分析大百科全书
书 名	数据高效汇总与分析：Excel数据透视表应用大全（案例视频精华版） SHUJU GAOXIAO HUIZONG YU FENXI Excel SHUJU TOUSHIBIAO YINGYONG DAQUAN (ANLI SHIPIN JINGHUABAN)
作 者	韩小良 著
出版发行	中国水利水电出版社 （北京市海淀区玉渊潭南路1号D座 100038） 网址：www.waterpub.com.cn E-mail：zhiboshangshu@163.com 电话：（010）62572966-2205/2266/2201（营销中心）
经 售	北京科水图书销售有限公司 电话：（010）68545874、63202643 全国各地新华书店和相关出版物销售网点
排 版	北京智博尚书文化传媒有限公司
印 刷	北京富博印刷有限公司
规 格	170mm×240mm 16开本 12.75印张 280千字
版 次	2025年4月第1版 2025年4月第1次印刷
印 数	0001—3000册
定 价	69.80元

凡购买我社图书，如有缺页、倒页、脱页的，本社营销中心负责调换
版权所有·侵权必究

前言 PREFACE

数据透视表是 Excel 最强大、最实用的工具之一。数据透视表的使用，不像函数公式那样"烧脑"，读者只需熟练操作就可以了。因此，很多人喜欢使用数据透视表。随着 Excel 版本的不断升级，数据透视表的功能越来越完善，操作也越来越方便。

然而，数据透视表的应用不仅仅是拖拖字段、拉拉鼠标那样简单。要把数据透视表应用到更有价值的数据深度分析中，则需要我们从各个角度对数据进行分类组合，从各个角度来分析数据，找出数据背后的秘密，为企业经营决策服务。这种多维度的灵活分析，正是数据透视表的强大之处。

本书结合大量的实际案例，重点介绍数据透视表的各种实用操作技能技巧，以及数据分析的理念和思路。这些案例都是在实际培训中接触到的企业实际案例，通过实际操练，不仅能够让初学者学习掌握丰富的数据透视表的实操技能，而且能够让利用数据透视表制作有说服力分析报告的读者获得更多的实际案例启发。

● 本书特点

视频讲解：本书录制了详细完整的教学视频，有 75 集，共计 177 分钟，对 Excel 的每个知识点、每个案例进行了详细讲解。手机扫描书中二维码即可随时观看学习。

案例丰富：本书提供了 61 个实际案例，通过实际操练这些案例，即可快速掌握 Excel 数据透视表的相关知识和技能，并将这些技能和技巧应用到实际数据分析中。

逻辑思路：本书不仅仅讲解 Excel 数据透视表本身，更重要的是介绍如何使用数据透视表工具制作有说服力的分析报告，挖掘数据背后的信息。

在线交流：本书提供 QQ 学习群，在线交流 Excel 学习心得，解决实际工作中的问题。

● **本书内容安排**

本书共有 16 章，从基础到实践全面详细介绍了 Excel 数据透视表的制作方法以及数据分析的实用技能和技巧。

第 1 章通过三个实际数据分析案例，介绍对大量表格数据进行汇总分析，及对海量数据的各种组合分析方法，初步展示利用数据透视表灵活分析数据的基本思维和基本思路。

第 2 章结合大量案例介绍制作数据透视表必须做好的基础性工作，也就是数据整理和加工，使基础数据表能够满足制作数据透视表的基本要求，制作数据分析底稿。本章介绍的数据整理加工的高效实用技能和技巧包括清除数据垃圾、修改非法日期、转换数字格式、填充空单元格、删除小计行和空行空列、删除重复数据、数据分列和二维表转换为一维表等。

第 3 章介绍以一个一维表单制作数据透视表的常规方法和高效建模方法。例如，以一个固定数据区域制作数据透视表、以一个变动数据区域制作数据透视表、使用 Power Query+ Power Pivot 工具集成数据整理与数据透视表分析和在不打开工作簿情况下制作数据透视表等。

第 4 章介绍以多个一维表制作数据透视表的高效建模和数据分析方法。通过现有连接+SQL 语句得到使用 Power Query+ Power Pivot 工具，以及以多个工作表的部分数据制作数据透视表。这些方法非常实用，不仅解决了多个表的合并汇总问题，还可以直接以这些工作表数据进行透视分析。

第 5 章介绍以二维表格制作数据透视表的基本思路、方法和技能技巧，解决非标准表格的透视分析问题。无论这些二维表是在一个工作簿中，还是在多个工作簿中，只要是在本章，你都会找到对应的解决方案。

第 6 章介绍以多个关联工作表制作数据透视表的两个最实用工具：Microsoft Query 工具和 Power Pivot 工具。读者不仅可以将各个表格进行关联，还可以直接制作数据分析报告，没必要再使用查找引用函数（例如 VLOOKUP 函数）先制作底稿再制作数据透视表，可以提升数据分析效率。

第 7 章介绍以其他类型数据源制作数据透视表的基本方法和实用技能技巧，例如文本文件数据、数据库、网页数据等，一键即可完成数据分析报告。

第 8 章是对前面各章介绍的制作数据透视表的方法进行总结，帮助读者彻底掌握这些方法的使用场合和注意事项，能够在实际工作中选择并高效使用这些工具，灵活进行数据透视分析。

第 9 章介绍数据透视表的布局方法和技能技巧。了解为什么要这样拖字段、为什么要将某个字段拖放到这个位置。数据透视表布局的过程，就是制作数据分析报告的过程，就是数据挖掘数据分析的过程，不同的字段布局，会得到不同的分析结论。

第 10 章全面介绍数据透视表格式化和美化的实用技能和技巧，让报表更加清晰，阅读性更好，更容易去发现问题。全面掌握本章介绍的各种实用技能和技巧，就可以快速让一个难看的数据透视表变成一个靓丽的数据分析报告。

第 11 章全面介绍利用数据透视表分析数据的实用工具和技能，包括排名分析、多角度分析、多层次占比分析、组合分析等。这些工具非常实用，也非常简单，掌握了这些工具，就可以快速制作各种需要的数据分析报告。

第 12 章介绍如何使用切片器和日程表来控制筛选分析报表，制作个性化的数据分析仪表板，从各个角度快速分析数据。

第 13 章介绍如何为数据透视表添加自定义计算字段和计算项，让分析指标更加丰富，分析结果更加全面。最后介绍了四个经典数据分析案例，包括排位分析、两年同比分析、客户流动分析、动态进销存管理。

第 14 章介绍如何使用数据透视表快速制作某个项目明细表，以及快速制作所有项目明细表的基本方法和技能技巧。这种方法将大大提升我们钻取数据进行层层分析的效率，帮助读者快速找出数据差异的原因。

第 15 章介绍联合使用数据透视图和数据透视表构建数据分析模型。有表有数据，有图表有真相，让分析报告不再干涩枯燥，可以让数据说话，让图表说话。

第 16 章介绍数据透视表其他应用的一些场景和案例，例如快速核对数据、转换表格结构等，这些技能和技巧可以帮助读者快速进行数据处理和加工，提升工作效率。

● 本书目标读者

期望本书让 Excel 初学者快速掌握数据透视表，让具有一定 Excel 基础的读者温故而知新，学习更多的数据透视表分析数据的技能和思路。

● 本书赠送资源

配套资源

免费教学视频：本书有 75 集共计 177 分钟的教学视频，手机扫描书中二维码，可以随时观看学习。

全部实际案例：本书共有 61 个实际案例素材。

拓展学习资源

30 个函数综合练习资料包

75 个分析图表模板资料包

《Power Query 自动化数据处理案例精粹》电子书

《Power Queny-M 函数速查手册》电子书

《Power Pivot DAX 表达式速查手册》电子书

《Excel 会计应用范例精解》电子书

《Excel 人力资源应用案例精粹》电子书

《新一代 Excel VBA 销售管理系统开发入门与实践》电子书

《EXCEL VBA 行政与人力资源管理应用案例详解》电子书

● **本书资源获取方式**

　　读者可以扫描上面的二维码，或在微信公众号中搜索"办公那点事儿"，关注后发送"EX30595"到公众号后台，获取本书资源下载链接。将该链接复制到计算机浏览器的地址栏中（一定要复制到计算机浏览器的地址栏，在电脑端下载，手机不能下载，也不能在线解压，没有解压密码），根据提示进行下载。

　　读者也可加入本书QQ交流群924512501（若群满，会创建新群，请注意加群时的提示，并根据提示加入对应的群），读者也可互相交流学习经验，作者也会不定期在线答疑解惑。

韩小良

目 录 CONTENTS

第1章 实际案例剖析——初见数据分析之高效 / 1

第2章 创建数据透视表的准备工作——数据整理与清洗 / 5

2.1 什么样的表格才能创建数据透视表 ········ 5
    2.1.1 表格结构必须规范 ········ 5
    2.1.2 表格数据必须规范 ········ 5

2.2 快速整理表格数据的实用技能与技巧 ········ 6
    2.2.1 清除数据中的垃圾 ········ 6
    2.2.2 修改非法日期 ········ 8
    2.2.3 将编码类的数值型数字转换为文本型数字 ········ 10
    2.2.4 将文本型数字转换为能够计算的数值型数字 ········ 11
    2.2.5 空单元格填充数据 ········ 12
    2.2.6 快速删除表单中的空行 ········ 14
    2.2.7 快速删除小计行 ········ 15
    2.2.8 删除重复数据 ········ 16
    2.2.9 数据分列 ········ 17
    2.2.10 将二维表格转换为一维表单 ········ 20

第3章 以一个一维表单制作数据透视表 / 24

3.1 以一个一维表单的全部数据制作数据透视表 ········ 24
    3.1.1 数据区域固定的情况——自动选择整个数据区域 ········ 24
    3.1.2 数据区域变动的情况——使用动态名称 ········ 26
    3.1.3 数据区域变动的情况——使用现有连接工具 ········ 28

3.2 以一个一维工作表的部分数据制作数据透视表 ········ 30
    3.2.1 任何一个 Excel 版本都可以使用的 Microsoft Query 方法 ········ 30
    3.2.2 在 Excel 2016 版本中使用 Power Query+ Power Pivot 方法 ········ 33

3.3 在不打开工作簿的情况下制作数据透视表 ·········· 37
   3.3.1 现有连接方法 ·········· 37
   3.3.2 Microsoft Query 方法 ·········· 37
   3.3.3 Power Pivot 方法 ·········· 37

第4章 以多个一维表单制作数据透视表 / 40

4.1 以一个工作簿中的多个一维工作表制作数据透视表 ·········· 40
   4.1.1 现有连接+SQL 语句方法 ·········· 40
   4.1.2 SQL 基本知识简介 ·········· 43
   4.1.3 Power Query+Power Pivot 方法 ·········· 44
   4.1.4 仅抽取每个表都有的几列数据制作数据透视表 ·········· 48
4.2 以多个工作簿中的多个一维工作表制作数据透视表 ·········· 48
   4.2.1 VBA 方法 ·········· 48
   4.2.2 Power Query 方法 ·········· 50

第5章 以二维表格制作数据透视表 / 57

5.1 以一个二维表格数据制作数据透视表 ·········· 57
5.2 以多个二维表格数据制作数据透视表 ·········· 59
   5.2.1 创建单页字段的数据透视表 ·········· 59
   5.2.2 创建多页字段的数据透视表 ·········· 62
5.3 以多个工作簿的二维表格制作数据透视表 ·········· 65
5.4 以结构不一样的二维表格制作数据透视表 ·········· 68
5.5 大量二维表格的透视分析 ·········· 69
   5.5.1 每个表格只有一列数字 ·········· 69
   5.5.2 每个表格有多列数字 ·········· 70

第6章 以多个关联工作表制作数据透视表 / 72

6.1 Microsoft Query方法 ·········· 72
6.2 Power Pivot方法 ·········· 76
   6.2.1 在当前工作簿中制作数据透视表 ·········· 76
   6.2.2 不打开源数据工作簿，在新工作簿中制作数据透视表 ·········· 78

第7章 以其他类型数据源制作数据透视表 / 80

7.1 以文本文件数据制作数据透视表 ·········· 80

         7.1.1 使用外部数据源 ………………………………………… 80
         7.1.2 自文本工具 …………………………………………… 82
         7.1.3 现有连接工具 ………………………………………… 83
         7.1.4 Power Pivot 工具 …………………………………… 84
         7.1.5 Microsoft Query 工具 ……………………………… 85
  7.2 以数据库数据制作数据透视表 …………………………………… 87

第8章　制作数据透视表方法总结　/ 88

  8.1 制作数据透视表的普通方法 ……………………………………… 88
         8.1.1 制作方法总结 ………………………………………… 88
         8.1.2 查看或修改数据源 …………………………………… 88
  8.2 利用现有连接+SQL语句制作数据透视表的方法 ……………… 89
         8.2.1 制作方法总结 ………………………………………… 89
         8.2.2 查看或修改数据源 …………………………………… 90
  8.3 多重合并计算数据区域数据透视表方法 ………………………… 90
         8.3.1 制作方法总结 ………………………………………… 90
         8.3.2 查看及编辑数据源 …………………………………… 91
  8.4 Power Query+Power Pivot制作数据透视表方法 …………… 91
         8.4.1 制作方法总结 ………………………………………… 91
         8.4.2 查看或编辑数据源 …………………………………… 92

第9章　布局数据透视表　/ 93

  9.1 "数据透视表字段"窗格 ………………………………………… 93
         9.1.1 改变"数据透视表字段"窗格布局 ………………… 93
         9.1.2 字段列表 ……………………………………………… 93
         9.1.3 筛选 …………………………………………………… 94
         9.1.4 行 ……………………………………………………… 94
         9.1.5 列 ……………………………………………………… 95
         9.1.6 值 ……………………………………………………… 96
         9.1.7 "数据透视表字段"窗格与普通报表的对应关系 … 97
  9.2 数据透视表的布局 ………………………………………………… 97
         9.2.1 布局的基本方法 ……………………………………… 97
         9.2.2 布局的快速方法 ……………………………………… 97
         9.2.3 存在大量字段时如何快速找出某个字段 …………… 97
         9.2.4 直接套用常见的数据透视表布局 …………………… 98

- 9.2.5 延迟布局更新 ··········· 98
- 9.2.6 恢复经典的数据透视表布局方式 ··········· 98
- 9.3 数据透视表工具 ··········· 99
  - 9.3.1 "分析"选项卡 ··········· 99
  - 9.3.2 "设计"选项卡 ··········· 101
- 9.4 数据透视表的快捷菜单命令 ··········· 102
- 9.5 显示或隐藏数据透视表右侧的"数据透视表字段"窗格 ··········· 103

第10章 数据透视表的设置与美化 / 104

- 10.1 设计透视表的样式 ··········· 104
  - 10.1.1 套用一个现成的样式 ··········· 104
  - 10.1.2 清除样式是最常见的设置 ··········· 105
- 10.2 设计报表布局 ··········· 105
  - 10.2.1 以压缩形式显示 ··········· 106
  - 10.2.2 以大纲形式显示 ··········· 106
  - 10.2.3 以表格形式显示 ··········· 106
- 10.3 修改字段名称 ··········· 107
  - 10.3.1 在单元格中直接修改字段名称 ··········· 107
  - 10.3.2 在"值字段设置"对话框中修改字段名称 ··········· 107
- 10.4 显示/隐藏字段的分类汇总 ··········· 108
  - 10.4.1 设置某个字段的分类汇总 ··········· 108
  - 10.4.2 设置所有字段的分类汇总 ··········· 108
- 10.5 显示/隐藏行总计和列总计 ··········· 109
  - 10.5.1 列总计和行总计的定义 ··········· 109
  - 10.5.2 显示或隐藏列总计和行总计 ··········· 109
- 10.6 合并/取消合并标签单元格 ··········· 110
  - 10.6.1 合并标签单元格 ··········· 110
  - 10.6.2 取消合并标签单元格 ··········· 111
- 10.7 显示/隐藏字段无数据的项目 ··········· 111
- 10.8 对行字段和列字段的项目进行重新排序 ··········· 112
  - 10.8.1 手工排序 ··········· 112
  - 10.8.2 自定义排序 ··········· 113
- 10.9 设置值字段的汇总依据 ··········· 115
- 10.10 设置值字段的数字格式 ··········· 116
  - 10.10.1 设置常规数字格式 ··········· 116

10.10.2 设置自定义数字格式 ·· 116
10.11 数据透视表的其他设置 ·· 117
10.11.1 重复项目标签 ·· 117
10.11.2 不显示数据透视表的错误值 ····································· 118
10.11.3 更新数据透视表时不自动调整列宽 ························· 118
10.11.4 在每个项目后面插入空行 ·· 118
10.11.5 将筛选字段垂直或水平布局排列 ····························· 119
10.11.6 显示 / 不显示"折叠 / 展开"按钮 ···························· 120
10.11.7 刷新数据透视表 ·· 120

第11章 利用数据透视表分析数据的实用技能 / 121
11.1 对数据透视表进行重新布局 ·· 121
11.1.1 示例数据 ·· 121
11.1.2 制作基本的分析报告 ·· 122
11.2 排序筛选找项目 ·· 123
11.2.1 制作基本的数据透视表 ·· 123
11.2.2 数据排序做排名分析 ·· 123
11.2.3 数据筛选寻找最好（最差）的几个项目 ················· 124
11.2.4 快速筛选保留选中的项目 ·· 125
11.2.5 清除排序和筛选 ·· 125
11.3 设置字段汇总依据 ·· 125
11.3.1 设置字段汇总依据的基本方法 ································ 125
11.3.2 应用案例 1——员工工资分析 ································ 126
11.3.3 应用案例 2——员工信息分析 ································ 127
11.3.4 应用案例 3——销售分析 ·· 128
11.4 设置值字段显示方式 ·· 128
11.4.1 占比分析 ·· 129
11.4.2 差异分析 ·· 133
11.4.3 累计分析 ·· 135
11.4.4 恢复默认的显示方式 ·· 136
11.5 组合字段 ·· 137
11.5.1 组合日期，制作年、季度、月度汇总报告 ············· 137
11.5.2 组合时间，跟踪每天、每小时、每分钟的数据变化 ··········· 139
11.5.3 组合数字，分析指定区间内的数据——员工信息分析 ······· 140
11.5.4 组合数字，分析指定区间内的数据——工资数据分析 ······· 142
11.5.5 组合数字，分析指定区间内的数据——销售分析 ··············· 143

11.5.6　对文本进行组合，增加更多的分析维度 ·········· 144
11.5.7　组合日期时应注意的问题 ·········· 146
11.5.8　组合数字时应注意的问题 ·········· 147
11.5.9　某个字段内有不同类型数据时不能自动分组 ·········· 147
11.5.10　页字段不能进行组合 ·········· 147
11.5.11　取消组合 ·········· 147

第12章　使用切片器和日程表快速筛选报表　/ 148

12.1　插入并使用切片器 ·········· 148
12.1.1　插入切片器的按钮 ·········· 148
12.1.2　插入切片器的方法 ·········· 148
12.1.3　切片器的使用方法 ·········· 149

12.2　设置切片器样式 ·········· 149
12.2.1　套用切片器样式 ·········· 149
12.2.2　新建切片器样式 ·········· 150
12.2.3　修改自定义切片器样式 ·········· 151
12.2.4　设置切片器的项目显示列数 ·········· 152
12.2.5　布局数据透视表和切片器 ·········· 152

12.3　用切片器控制数据透视表（数据透视图）·········· 153
12.3.1　多个切片器联合控制一个数据透视表（数据透视图）·········· 153
12.3.2　一个或多个切片器控制多个数据透视表（数据透视图）·········· 153
12.3.3　删除切片器 ·········· 154

12.4　筛选日期的自动化切片器——日程表 ·········· 154
12.4.1　插入日程表 ·········· 154
12.4.2　日程表的使用方法 ·········· 155

第13章　为数据透视表添加自定义计算字段和计算项　/ 156

13.1　自定义计算字段 ·········· 156
13.1.1　添加计算字段的基本方法 ·········· 156
13.1.2　修改计算字段 ·········· 158
13.1.3　删除计算字段 ·········· 158
13.1.4　列出所有自定义计算字段信息 ·········· 158

13.2　自定义计算项 ·········· 159
13.2.1　添加计算项的基本方法 ·········· 159
13.2.2　自定义计算项的几个重要说明 ·········· 161
13.2.3　修改自定义计算项 ·········· 161

         13.2.4　删除自定义计算项 ·· 162
         13.2.5　列示出所有自定义计算项信息 ·· 162
   13.3　添加计算字段和计算项的注意事项 ·· 162
         13.3.1　分别在什么时候添加计算字段和计算项 ··· 162
         13.3.2　同时添加计算字段和计算项的几个问题 ··· 162
         13.3.3　哪些情况下不能添加自定义计算字段和计算项 ······························· 163
         13.3.4　自定义计算字段能使用工作簿函数吗 ··· 163
         13.3.5　自定义计算字段能使用单元格引用和名称吗 ··································· 163
   13.4　综合应用案例 ·· 164
         13.4.1　在数据透视表里进行排位分析 ··· 164
         13.4.2　两年同比分析 ·· 165
         13.4.3　两年客户流动分析 ·· 166
         13.4.4　动态进销存管理 ··· 168

第14章　使用数据透视表快速制作明细表　/ 171

   14.1　一次制作一个明细表 ··· 171
   14.2　一次批量制作多个明细表 ·· 173

第15章　联合数据透视图和数据透视表构建数据分析模型　/ 175

   15.1　创建数据透视图 ·· 175
         15.1.1　在创建数据透视表时创建数据透视图 ··· 175
         15.1.2　在现有数据透视表的基础上创建数据透视图 ··································· 176
         15.1.3　数据透视图的结构 ·· 176
         15.1.4　关于数据透视图分类轴 ··· 176
         15.1.5　关于数据透视图的数据系列 ·· 177
   15.2　数据透视图的美化 ··· 177
         15.2.1　数据透视图的常规美化 ··· 177
         15.2.2　数据透视图的特殊处理 ··· 177
   15.3　利用数据透视图分析数据 ·· 177
         15.3.1　通过布局字段分析数据 ··· 177
         15.3.2　通过筛选字段分析数据 ··· 178
         15.3.3　利用切片器控制数据透视图 ·· 178
   15.4　数据透视图和数据透视表综合应用案例 ··· 179
         15.4.1　一个简单的二维表格动态分析 ··· 179
         15.4.2　一个稍复杂的流水数据分析 ·· 181

第16章 数据透视表的其他应用案例 / 183

16.1 生成不重复的新数据清单 ······ 183
16.1.1 在某列中查找重复数据并生成不重复的新数据清单 ······ 183
16.1.2 在多列中查找重复数据并生成不重复的新数据清单 ······ 183
16.1.3 在多个工作表中查找重复数据并生成不重复的新数据清单 ······ 185

16.2 快速核对数据 ······ 185
16.2.1 单列数据的核对 ······ 185
16.2.2 多列数据的核对 ······ 186

16.3 转换表格结构 ······ 187
16.3.1 将二维表格转换为一维表格 ······ 187
16.3.2 将多列文字描述转换为一个列表清单 ······ 187

第1章 实际案例剖析——初见数据分析之高效

Excel 的数据处理与数据分析，是职场人士日常工作的内容之一；即使在日常生活中，也是可以使用 Excel 记录点点滴滴的数据，并随时对其进行分析。

案例1-1　一个工作簿内多个工作表汇总分析

这是一个经典的数据汇总和分析问题。

图 1-1 所示是一份全年 12 个月的工资表，现在要求对这 12 个工作表数据进行汇总和分析，制作以下 3 个汇总报告。

（1）合同工和劳务工每个月的工资总额。

（2）合同工和劳务工每个月的社保总额。

（3）合同工和劳务工每个月的人数和人均工资。

	A	B	C	D	E	F	G	H	I	J	K	L	M	N	O	P	Q	R
1	姓名	性别	合同种类	基本工资	岗位工资	工龄工资	补贴	医疗补助	奖金	考勤扣款	应发合计	住房公积金	养老保险	医疗保险	失业保险	个人所得税	应扣合计	实发合计
2	A001	男	合同工	2975	441	60	900	354	332	100	4962	404.96	303.72	43.74	139.68	17.1	909.2	4052.8
3	A002	男	合同工	2637	429	110	835	594	568	81	5092	413.84	310.38	50.72	168.56	19.46	962.96	4129.04
4	A005	女	合同工	4691	320	210	1229	277	494	16	7205	577.68	433.26	50.6	176.8	141.67	1380.01	5824.99
5	A006	女	合同工	5282	323	270	910	492	255	62	7470	602.56	451.92	46.24	159.12	166.02	1425.86	6044.14
6	A008	男	合同工	4233	549	230	1032	248	414	53	6653	536.48	402.36	50.52	158.16	95.55	1243.07	5409.93
7	A010	男	合同工	4765	374	170	714	331	463	29	6788	545.36	409.02	41.04	134.24	110.83	1240.49	5547.51
8	A016	女	合同工	4519	534	260	1162	277	367	130	6989	569.52	427.14	52.96	173.36	121.6	1344.58	5644.42
9	A003	女	劳务工	5688	279	290	963	493	242	0	7955	636.4	477.3	45.34	159.04	208.69	1526.77	6428.23
10	A004	男	劳务工	2981	296	200	778	595	383	54	5179	418.64	313.98	45.04	159.6	22.25	959.51	4219.49
11	A007	男	劳务工	5642	242	170	1029	453	382	76	7842	633.44	475.08	47.04	168.8	196.76	1521.12	6320.88
12	A009	男	劳务工	2863	260	220	884	201	415	51	4792	387.44	290.58	40.38	141.68	12.96	873.04	3918.96
13	A011	女	劳务工	4622	444	50	1250	431	504	46	7255	584.08	438.06	53.58	178.8	145.05	1399.57	5855.43
14	A012	女	劳务工	4926	301	290	1083	212	563	79	7296	590	442.5	48.98	178.16	148.64	1408.28	5887.72
15	A013	男	劳务工	3018	534	190	1222	405	327	189	5507	455.68	341.76	55.16	180.08	29.23	1061.91	4445.09
16	A014	女	劳务工	3141	599	290	1258	217	434	106	5833	475.12	356.34	56.68	184.4	37.81	1110.35	4722.65
17	A015	男	劳务工	3040	543	280	1013	211	596	87	5596	454.64	340.98	52.86	174.96	32.18	1055.62	4540.38

1月 | 2月 | 3月 | 4月 | 5月 | 6月 | 7月 | 8月 | 9月 | 10月 | 11月 | 12月

图1-1　12个月的工资表

这样的报告，你能在 5 分钟内做出来吗？

很多人可能使用下面的方法来做：从每个表中筛选合同工和劳务工，分别求和工资数据，然后复制粘贴到汇总表中。所有报告做下来，花费一个小时左右的时间是最少的。更麻烦的是，如果某个工作表中的数据复制错了，就要重新再来。

也有一些人是这样做的，先把每个工作表数据复制粘贴到一个新工作表中，并插入辅助列，输入月份名称，做一个所有月份工资数据汇总表，然后利用数据透视表进行汇总。这样操作的效率有明显提高，但是，如果数据量很大，数据也可能会发生变化。因此，这种做法的效率也是低下的。

还有些人是这样做的，先写一段 SQL 语句代码，使用现有的连接工具，直接得到 12 个月工资表数据的透视表，然后就是各种布局汇总，很快得到需要的报告，前后花费不到 10 分钟。

但是，如果使用 Excel 2016 版中的 Power Query 进行汇总，再制作数据模型，然后使用

Power Pivot 创建数据透视表，前后不到 3 分钟即可完成。报告如图 1-2 ～图 1-4 所示。

应发合计	合同种类		
月份	合同工	劳务工	总计
1月	45159	57255	102414
2月	47725	58549	106274
3月	50894	65428	116322
4月	51895	65011	116906
5月	43511	58278	101789
6月	48939	55854	104793
7月	43705	63754	107459
8月	47665	67680	115345
9月	67177	80175	147352
10月	58598	61894	120492
11月	59729	60204	119933
12月	68258	57954	126212
总计	633255	752036	1385291

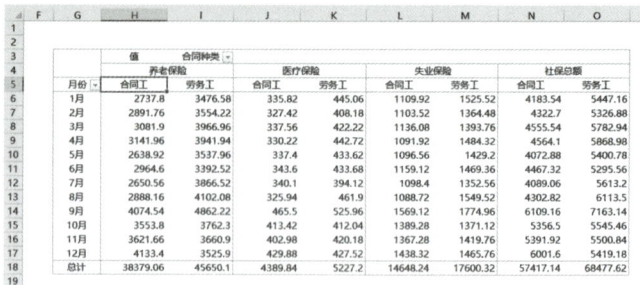

图1-2　合同工和劳务工每个月的工资总额

	值	合同种类						
	养老保险		医疗保险		失业保险		社保总额	
月份	合同工	劳务工	合同工	劳务工	合同工	劳务工	合同工	劳务工
1月	2737.8	3476.58	335.82	445.06	1109.92	1525.52	4183.54	5447.16
2月	2891.76	3554.22	327.42	408.18	1103.52	1364.48	4322.7	5326.88
3月	3081.9	3966.96	337.56	422.22	1136.08	1393.76	4555.54	5782.94
4月	3141.96	3941.94	330.22	442.72	1091.92	1484.32	4564.1	5868.98
5月	2638.92	3537.96	337.4	433.62	1096.56	1429.2	4072.88	5400.78
6月	2964.6	3392.52	343.6	433.68	1159.12	1469.36	4467.32	5295.56
7月	2650.56	3866.52	340.1	394.12	1098.4	1352.56	4089.06	5613.2
8月	2888.16	4102.08	325.94	461.9	1088.72	1549.52	4302.82	6113.5
9月	4074.54	4862.22	465.5	525.96	1569.12	1774.96	6109.16	7163.14
10月	3553.8	3762.3	413.42	412.04	1389.28	1371.12	5356.5	5545.46
11月	3621.66	3660.9	402.98	420.18	1367.28	1419.76	5391.92	5500.84
12月	4133.4	3525.9	429.88	427.52	1438.32	1465.76	6001.6	5419.18
总计	38379.06	45650.1	4389.84	5227.2	14648.24	17600.32	57417.14	68477.62

图1-3　合同工和劳务工每个月的社保总额

	合同种类	值		
	合同工		劳务工	
月份	人数	人均工资	人数	人均工资
1月	7	6451	9	6362
2月	7	6818	9	6505
3月	7	7271	9	7270
4月	7	7414	9	7223
5月	7	6216	9	6475
6月	7	6991	9	6206
7月	7	6244	9	7084
8月	7	6809	9	7520
9月	10	6718	11	7289
10月	9	6511	9	6877
11月	9	6637	9	6689
12月	9	7584	9	6439

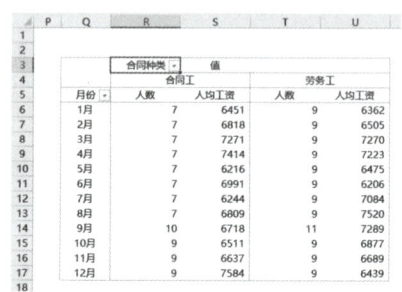

图1-4　合同工和劳务工每个月的人数和人均工资

案例1-2　多个工作簿内多个工作表汇总分析

这是另外一种常见的汇总分析问题。在一个文件夹里保存着 6 个分公司的 Excel 工资簿文件（图 1-5），每个工作簿中有 12 个月的工资表，现在共有 72 （6×12）个工作表数据要汇总分析，并制作以下 3 个汇总报告。

（1）每个分公司合同工和劳务工每个月的工资总额。

（2）每个分公司合同工和劳务工每个月的社保总额。

（3）每个分公司合同工和劳务工每个月的人数和人均工资。

这样的问题，你能在 10 分钟内解决吗？

名称	修改日期	类型	大小
分公司A.xlsx	2018-3-31 11:04	Microsoft Excel	47 KB
分公司B.xlsx	2018-3-31 11:03	Microsoft Excel	48 KB
分公司C.xlsx	2018-3-31 11:02	Microsoft Excel	44 KB
分公司D.xlsx	2018-3-31 11:02	Microsoft Excel	66 KB
分公司E.xlsx	2018-3-31 11:03	Microsoft Excel	48 KB
分公司F.xlsx	2018-3-31 11:02	Microsoft Excel	66 KB

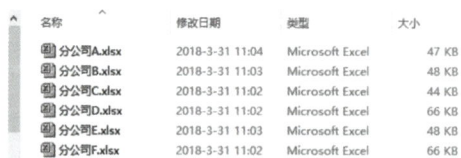

图1-5　文件夹里的6个工作簿文件

很多人是打开每个工作簿里所有的工作表，先复制后粘贴，最后得到一个包含所有分公司数据的汇总表，再利用函数或者透视表对这堆数据进行汇总分析。

这样大量的数据汇总和统计分析，在实际工作中比比皆是。低效率的处理方式就是这种千篇一律的复制粘贴操作，结果是花了两个小时也没有理清头绪，还经常出错，不得不重新来过，最后一天下来，什么也没有完成。

面对这样的数据汇总和数据分析问题，需要去寻求更为高效的方法和工具来解决，其中Excel 2016中的Power Query就是一个强大的数据汇总工具。首先用Power Query将这72个工作表数据汇总，建立数据模型，然后再利用Power Pivot建立数据透视表进行分析；或者用Power Query将这72个工作表数据汇总到一个工作表上，再创建普通的数据透视表进行分析。

图1-6所示就是使用这种方法得到的报告之一，前后仅仅花了5分钟时间。

应发合计		月份												
分公司	合同种类	1月	2月	3月	4月	5月	6月	7月	8月	9月	10月	11月	12月	总计
分公司A		102414	106274	116322	116906	101789	104793	107459	115345	147352	120492	119933	126212	1385291
	合同工	45159	47725	50894	51895	43511	48939	43705	47665	67177	58598	59729	68258	633255
	劳务工	57255	58549	65428	65011	58278	55854	63754	67680	80175	61894	60204	57954	752036
分公司B		126055	132054	119101	128333	121608	135788	118834	118341	110607	113492	109915	108194	1442322
	合同工	58734	63416	55983	57009	60771	67252	57123	53712	52030	48969	52187	53211	680397
	劳务工	67321	68638	63118	71324	60837	68536	61711	64629	58577	64523	57728	54983	761925
分公司C		100189	108100	108639	109700	110696	111969	107937	112198	108392	100869	93526	99860	1272075
	合同工	57124	59080	61024	56221	60789	63659	60531	61069	61474	50830	44329	47775	683905
	劳务工	43065	49020	47615	53479	49907	48310	47406	51129	46918	50039	49197	52085	588170
分公司D		218952	210609	201662	211507	216524	203318	209035	197319	206841	180924	171079	191708	2419478
	合同工	121544	109183	115826	116756	120717	109441	117258	107286	114908	100037	89935	103366	1326257
	劳务工	97408	101426	85836	94751	95807	93877	91777	90033	91933	80887	81144	88342	1093221
分公司E		126055	132054	119101	128333	121608	135788	118834	118341	110607	113492	109915	108194	1442322
	合同工	58734	63416	55983	57009	60771	67252	57123	53712	52030	48969	52187	53211	680397
	劳务工	67321	68638	63118	71324	60837	68536	61711	64629	58577	64523	57728	54983	761925
分公司F		218952	210609	201662	211507	216524	203318	209035	197319	206841	180924	171079	191708	2419478

图1-6　72个工作表数据汇总报告

案例1-3　历年销售数据分析

图1-7所示为以文本文件保存的历年销售数据，由于数据量庞大，因此，保存在文本文件中。现在要求分析各项业务历年的发展趋势和客户情况等。

```
客户名,业务员,年,月,收入,成本,利润,业务项目
客户08,A009,2010年,01月,"3,185.65 ","2,186.82 ",998.83 ,进口业务
客户14,A010,2010年,01月,"8,887.04 ","8,661.73 ",225.31 ,进口业务
客户13,A011,2010年,01月,650.62 ,540.98 ,109.64 ,进口业务
客户13,A012,2010年,01月,457.85 ,386.76 ,71.09 ,进口业务
客户11,A013,2010年,01月,445.80 ,307.24 ,138.56 ,进口业务
客户01,A001,2010年,01月,"2,118.14 ","1,660.30 ",457.05 ,进口业务
客户01,A004,2010年,01月,909.67 ,633.76 ,275.91 ,进口业务
客户01,A005,2010年,01月,704.84 ,504.84 ,200.01 ,进口业务
客户06,A006,2010年,01月,"2,001.27 ","1,837.41 ",163.86 ,进口业务
客户05,A007,2010年,01月,"1,050.64 ",650.62 ,400.01 ,进口业务
客户05,A008,2010年,01月,"1,796.44 ","1,012.08 ",784.36 ,进口业务
客户05,A009,2010年,01月,395.19 ,263.86 ,131.33 ,进口业务
客户01,A010,2010年,01月,"2,018.14 ","1,477.16 ",540.98 ,进口业务
客户05,A011,2010年,01月,"1,544.63 ",881.96 ,662.67 ,进口业务
客户01,A012,2010年,01月,"2,118.14 ","1,660.30 ",457.85 ,进口业务
客户01,A013,2010年,01月,"1,503.66 ","1,415.71 ",87.95 ,进口业务
客户07,A001,2010年,01月,819.30 ,508.45 ,310.85 ,进口业务
客户15,A002,2010年,01月,342.18 ,57.83 ,284.35 ,进口业务
```

图1-7　文本文件保存的历年销售数据

遇到这样的问题，大部分人会直接把这个文件数据导入到Excel表格中，然后进行整理加工，再使用函数或者透视表进行分析。要知道，在数据量非常庞大的基础上，使用函数公式进行计算，会导致运算速度变得非常卡顿；此外，创建数据透视表占用大量内存，也会导致运算速度变慢。

有没有好的办法解决这样的问题呢？这里直接以文本文件数据创建数据透视表，进行汇总分析。图1-8和图1-9所示为使用数据透视表直接以文本文件数据创建的分析报告。

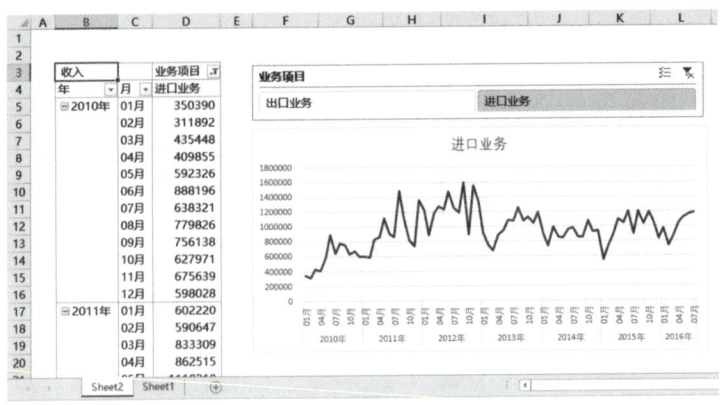

图1-8　各项业务历年收入统计

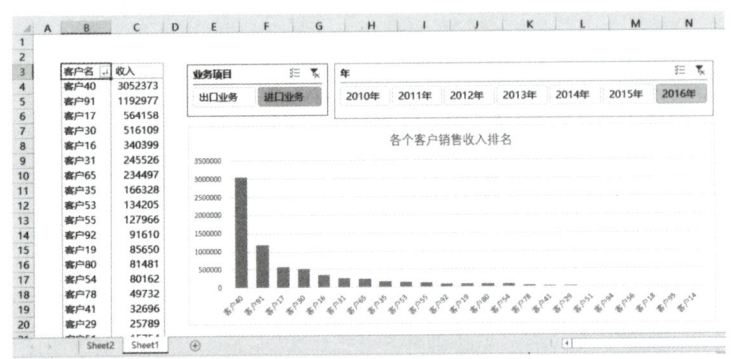

图1-9　客户销售排名分析

从此刻开始学习掌握强大的数据分析工具

　　数据透视表是数据汇总分析的强大工具之一，操作简单，使用方便，分析灵活，能让数据分析事半功倍。

　　数据透视表不仅可以分析一个表格的数据，还可以分析多个表格的数据；不仅可以分析Excel工作簿数据，还可以分析数据库、文本文件数据。

　　本书将全面介绍数据透视表的各种应用，以及如何使用数据透视表建立自动化数据分析模板。

第 2 章
创建数据透视表的准备工作——数据整理与清洗

"老师,为什么我的表格无法创建数据透视表啊?一点'插入数据透视表'按钮,就出现了错误警告框,不让我做透视表,为什么会出现这样的情况?"

"老师,为什么我做的数据透视表,字段的计算结果都是计数啊?很多字段,一个一个地设置计算方式也很麻烦。怎么才能避免出现这样的情况?"

很多人觉得数据透视表很简单,结果一做透视表就出现了各种各样的问题,这些问题主要来自于基础表格。

在制作数据透视表之前,要先检查一下基础数据表格是否规范,是否有问题,是否需要整理规范一下。

2.1 什么样的表格才能创建数据透视表

数据透视表是 Excel 的一个强大的数据汇总和数据分析工具,但是,数据透视表的制作必须基于一份科学规范的表单数据,而不是随便一个表格就可以创建出数据透视表的。

2.1.1 表格结构必须规范

制作数据透视表的数据源,必须是一个标准的数据库结构表格,也就是一列是一个字段,每列保存同一类型数据;第一行是标题,也就是字段名称;每行是一条记录,保存每个业务的数据;每个单元格保存该条记录的数据。

因此,从结构上来说数据表必须满足以下要求。

- 每列是一个字段,保存同一类数据,必须有列标题。
- 如果某列保存两种不同类型的数据,必须分成两列保存。
- 不能有合并单元格的大标题。
- 不能有空行、空列。
- 不能有小计行、总计行。
- 不需要有不必要的计算列。
- 对于二维表格,最好将其整理成一维表单。
- 如果是多个工作表数据,一定要保证每个工作表的列结构一致。

2.1.2 表格数据必须规范

表格中的数据必须规范,不能影响计算,也不能出现不规范的用法。例如,不能出现以下情况。

- 日期必须是数值型的日期,不能是文本型日期,或者是不规范的日期,例如,"2018 年 7 月 9 日"不能写成"180709"或者"2018.7.9"。

- 对于编码类的数字，必须处理为文本型数字；对于要汇总计算的数字，如果是文本型的，必须转换为数值型数字。
- 不能有不必要的空单元格，如果这些空单元格实际上应该是数字0的（如工资表里的工资项目，如果不发放，就不能空），应该把这些空单元格都输入数字0；如果这些空单元格应该是上一行或下一行的数据，那么就应该填充这些数据。
- 文本字符串中不能有不必要的空格，除非这些空单元格是必需的（如英文单词之间的空格），如果空格是依据不良习惯手动添加的，就应该清除。
- 从系统导出的数据，含有不显示的特殊字符、换行符等都必须予以清除。
- 从系统导入的数据，如果不是标准的数据库结构，就必须进行加工整理。

2.2 快速整理表格数据的实用技能与技巧

表格的加工整理并不难，只要掌握了几个实用的技能技巧就可以应付自如。下面就实际工作中常见的不规范问题及其解决方法进行介绍总结。

2.2.1 清除数据中的垃圾

从系统导出的数据，甚至通过邮件传递过来的表格，很有可能根本就没法进行计算。产生这种情况的原因有很多种，但数据的前后确实含不显示的空格或是特殊字符。此时，就必须清洗数据，让数据呈现它原本干干净净的样子。

1. 清除数据中的空格

一般情况下，数据前后和中间的空格用"查找和替换"工具即可解决。打开"查找和替换"对话框，在"查找内容"文本框中输入一个空格，在"替换为"文本框中留空（什么也不输），单击"全部替换"按钮即可，如图2-1所示。

图2-1 "查找和替换"对话框

如果查找内容是英文名称，按照英语语法要求，英文单词之间就必须有一个空格。此时，就不能使用"查找和替换"工具了，因为这样会替换掉所有的空格。这种情况下，可以使用 TRIM 函数来解决，就是在数据旁边加一个辅助列，然后输入公式"=TRIM(A2)"（假设 A2 是要处理的数据），往下复制公式，如图 2-2 所示，最后再把此列选择性粘贴成数值到原始数据区域。

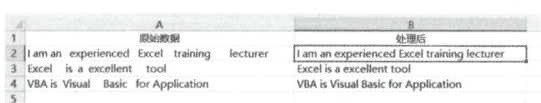

图2-2 利用TRIM函数处理英文中的空格

2. 清除单元格中的换行符

在某些表格中，数据可能被分成几行保存在一个单元格内，如果要把这几行数据重新归成一行，该怎么做呢？

要解决这个问题，可以使用"查找和替换"工具，也可以使用 CLEAN 函数，前者可以将换行符替换为任意的字符（比如空格、符号等），后者是得到了紧密相连的字符串。

打开"查找和替换"对话框，在"查找内容"文本框里按 Ctrl+J 组合键，就是输入换行符的快捷键（按下组合键后是看不到换行符的），"替换为"文本框里什么也不输入，单击"全部替换"按钮即可。

图 2-3 所示就是两种方法处理后的效果。使用"查找和替换"工具，把换行符替换为了逗号；CLEAN 函数则是全部清除了换行符。

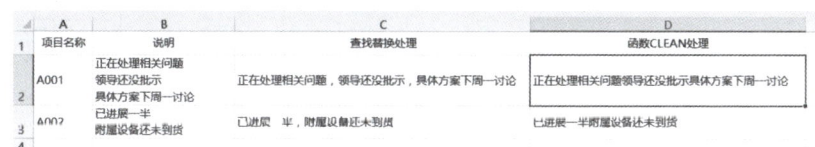

图2-3　清除单元格中的换行符

3. 清除数据中不显示的特殊字符

在有些情况下，从系统导入的表格数据中会含有不显示的特殊字符，这些字符并不是空格，因此不论是利用 TRIM 函数还是 CLEAN 函数，都无法将这些特殊字符去掉，从而影响了数据的处理和分析。

案例2-1

图 2-4 所示就是这样的一个案例，用 SUM 函数对 C 列的数字求和，结果是 0，说明 C 列的数字无法相加，是文本字符串。但是又无法使用分列工具或者选择性粘贴的方法将其转换为纯数字，说明数字的前后有不显示的特殊字符，正是这样的字符影响了计算。

这个问题看起来比较难解决，其实是比较简单的。使用两个小技巧，可以快速解决，操作步骤如下。

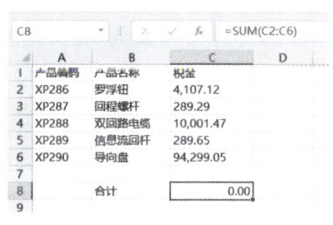

图2-4　原始数据无法计算

步骤01　将单元格的字体设置为 Symbol，在单元格数据的右侧，出现了特殊符号"□"，但是在公式编辑栏中看不到任何符号，如图 2-5 所示。

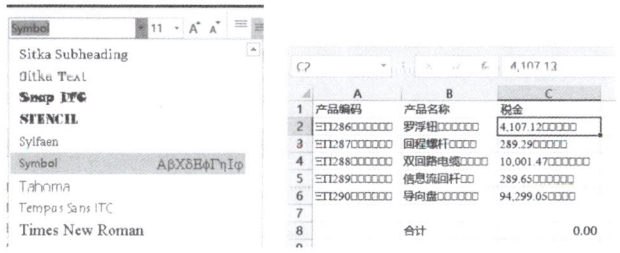

图2-5　单元格字体设置为Symbol，特殊字符显示为"□"

步骤02 从任一单元格中复制一个“□”符号，打开“查找和替换”对话框，将“□”符号粘贴到“查找内容”文本框里（为什么要这么做？因为我们也不确定这个符号是什么，没办法在键盘上输入，只好复制、粘贴了），“替换为”文本框留空，然后单击“全部替换”按钮，即可得到图 2-6 所示的结果。

步骤03 清除特殊字符后，表格数据看起来有些莫名其妙，其实是由于把单元格字体设置为 Symbol 引起的视觉错误。因此，最后再把单元格字体恢复为原来的字体，如图 2-7 所示。

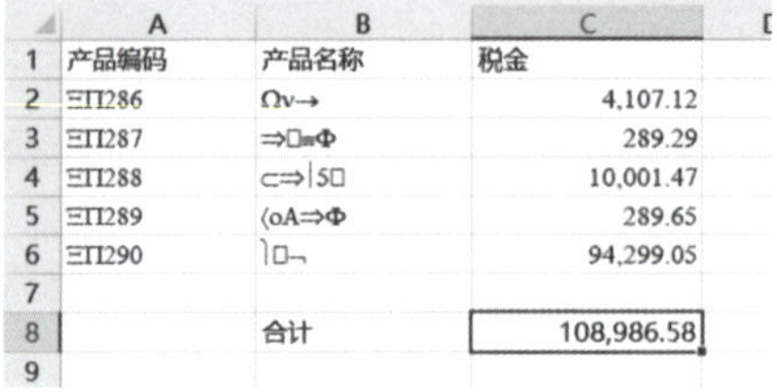

	A	B	C
1	产品编码	产品名称	税金
2	ΞΠ286	Ωv→	4,107.12
3	ΞΠ287	⇒□≡Φ	289.29
4	ΞΠ288	⊂⇒|5□	10,001.47
5	ΞΠ289	〈oA⇒Φ	289.65
6	ΞΠ290	⌉□¬	94,299.05
7			
8		合计	108,986.58
9			

图2-6 清除特殊字符后的表格数据

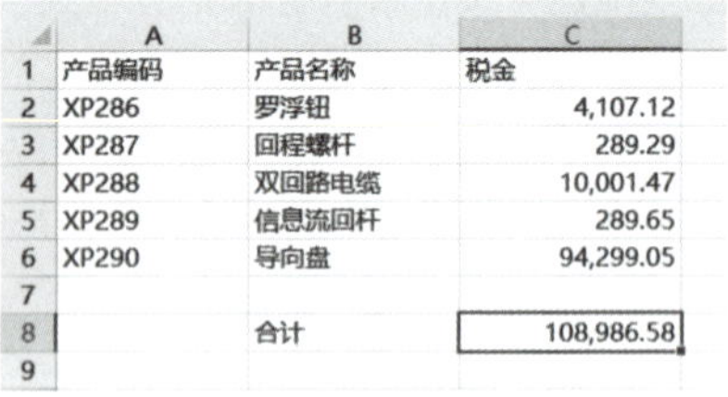

	A	B	C
1	产品编码	产品名称	税金
2	XP286	罗浮钮	4,107.12
3	XP287	回程螺杆	289.29
4	XP288	双回路电缆	10,001.47
5	XP289	信息流回杆	289.65
6	XP290	导向盘	94,299.05
7			
8		合计	108,986.58
9			

图2-7 得到正确的数据

2.2.2 修改非法日期

在 Excel 中日期是正整数，不是文本字符串。例如，“2018-5-1”就是数字 43221，“2018-6-26”就是数字 43277 等。

在 Excel 中，时间是小数， 1 小时是 1/24 天，即数字 0.0416666666666667； 12 小时就是数字 0.5，以此类推。因为时间的基本运算单位是 1 天，时间就是天的一部分， 1 小时就是 1/24 天， 12 小时就是半天。

有些人会把日期输入成 2018.5.1 或者 2018.05.01 的格式，这是错误的。如果有这样的日期，必须进行修改，将其转换为规范的日期。

另外，大多数从软件导出的日期，要么是非法的日期，要么是文本型日期，也需要整理为规范的日期。

1. 如何判断是否为规范的日期和时间

输入到单元格的日期和时间可以被设置成各种显示格式，被戴上了不同的面具。此外，由于每个人都会根据自己的习惯输入日期和时间，但有时输入的类似日期和时间的数据并非真正的日期和时间。那么，如何判断单元格的数据是否是日期和时间呢？

前面已经说过，日期和时间都是数字。这样，我们就可以采用下面两种方法来判断单元格的数据是否是日期和时间。

第一种办法：看单元格的数据是否右对齐。因为数字的默认对齐方式是右对齐，因此，如果是日期和时间，其必定是默认的右对齐格式。当然，也可以手动将数据设置成右对齐，此时就可能出现错误的判断。

第二种方法：将单元格格式设置为常规或数字，看是否显示为数字。如果显示成了数字，表明是真正的日期和时间；如果仍旧是原来的样子，则说明是文本，不是日期或时间。

2. 修改非法日期的最简便、最实用的方法——使用“分列”工具

将非法日期修改为真正日期的常用方法是使用“分列”工具。

单击"数据"选项卡中的"分列"按钮(如图2-8所示),打开"文本分列向导"对话框。在前两步保持默认,单击"下一步"按钮。在第3步中,选中"日期"单选按钮,并根据实际情况在右侧的下拉列表框中选择一种匹配的日期格式即可,如图2-9所示。

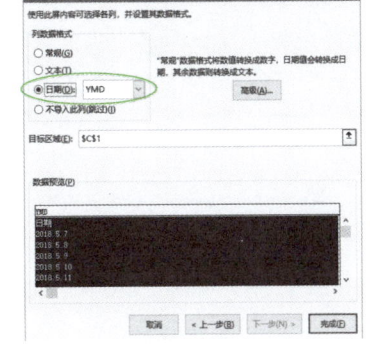

图2-8 "分列"命令按钮　　　图2-9 文本分列向导第3步:选中"日期",并指定匹配的年月日组合

案例2-2

图2-10所示是一份从人事管理软件中导出的员工基本信息数据,E列的出生年月日和H列的进公司时间都是错误的,需要将其转换成规范日期,以便能够计算年龄和工龄。

扫码看视频

步骤01 选中E列。

步骤02 单击"数据"选项卡中的"分列"按钮,打开"文本分列向导-第1步,共3步"对话框,保持默认,如图2-11所示。

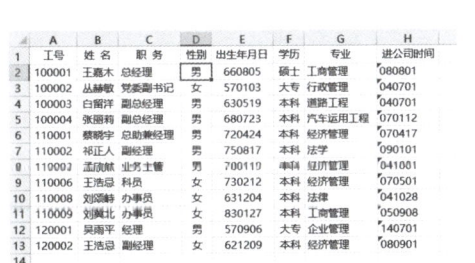

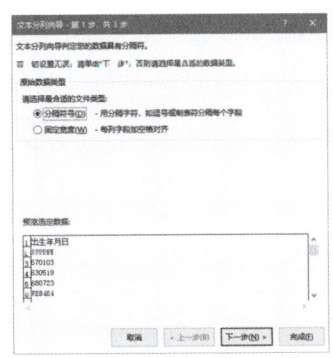

图2-10 不规范的出生年月日和进公司时间　　图2-11 "文本分列向导-第1步,共3步"对话框

步骤03 单击"下一步"按钮,打开"文本分列向导-第2步,共3步"对话框,保持默认,如图2-12所示。

步骤04 单击"下一步"按钮,打开"文本分列向导-第3步,共3步"对话框,选中"日期"单选按钮,并从其右侧的下拉列表框中选择一种与单元格日期匹配的年月日格式。在本案例中,单元格是"年月日"这样的格式(660805就是1966年8月15日),因此选择YMD选项,如图2-13所示。

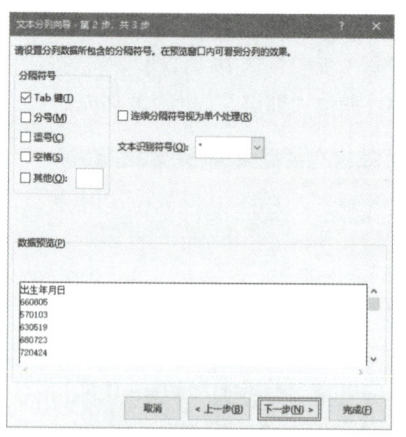

图2-12 "文本分列向导-第2步,共3步"对话框

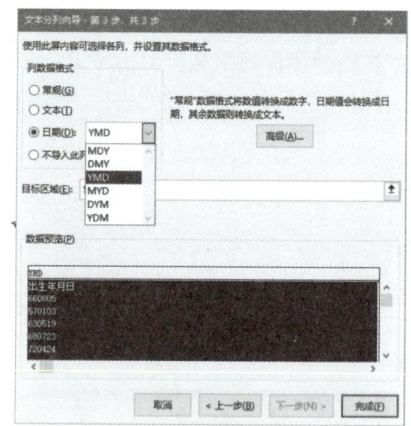

图2-13 "文本分列向导-第3步,共3步"对话框

步骤05 单击"完成"按钮,即可将E列中的不规范出生年月日数据转换为规范的日期,如图2-14所示。

图2-14 将E列中的不规范出生年月日数据转换成了规范的日期数据

采用相同的方法,将H列中不规范的进公司时间数据转换为规范的日期数据,最后就得到了图2-15所示的规范的员工信息表。

图2-15 修改完毕的出生日期和入职日期

2.2.3 将编码类的数值型数字转换为文本型数字

扫码看视频

对于编码类的数值型数字要处理为文本型数字。如果在某列的编码数据中,既有数字,也有文本,那么需要把整列的数值型数字和文本型数字数据统一转换为文本型数字。此时可以使用分列工具,也就是在"文本分列向导 - 第3步,共3步"对话框

中选中"文本"单选按钮即可，如图 2-16 所示。

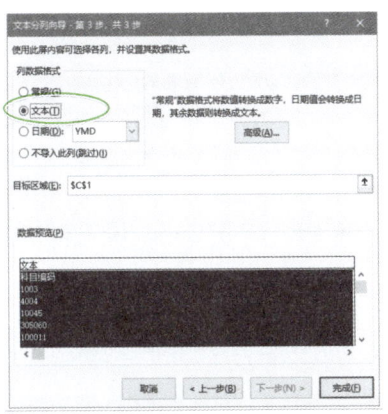

图2-16 将纯数字转换为文本型数字

特别要注意，不能采用将单元格格式设置为文本的方法来转换，这样做仅仅改变了单元格格式，并没有改变已经输入单元格中的数字。

2.2.4 将文本型数字转换为能够计算的数值型数字

在大多数情况下，我们需要把文本型数字转换为能够计算的数值型数字。因为从某些 ERP 系统导入的数据中，数字可能并不是数值型数字，而是文本型数字，这样的"数字"是无法使用函数进行求和汇总的。

扫码看视频

将文本型数字转换为数值的方法主要有以下 5 种：利用智能标记、选择性粘贴、利用"分列"工具、利用 VALUE 函数和利用公式。

1. 利用智能标记

利用智能标记将文本型数字数据转换为数值的方法非常简单。首先选择要进行数据转换的单元格或单元格区域，单击单元格旁边的智能标记，在展开的下拉列表中选择"转换为数字"即可，如图 2-17 所示。

尽管利用智能标记的方法非常简单，但也只能在有智能标记的场合使用。有些情况下，智能标记并没有出现，这时就需要采用别的方法。

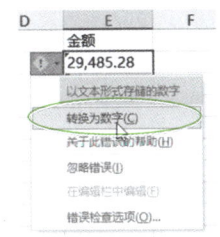

图2-17 利用智能标记将文本型数字转换为数值

这种智能标记转换的本质是对选定区域内的每一个单元格进行逐步转换，是比较耗时的。如果有 20 列、10 万行数据，要转换的单元格达 200 万个，使用这种方法就可能会出现计算机死机的情况。此时，可以使用选择性粘贴的方法。

2. 选择性粘贴

这种方法比较简单，适用性也更广。具体操作步骤如下。

步骤01 在某个空白单元格内输入数字"1"。

步骤02 复制这个单元格。

步骤03 选择要进行数据转换的单元格或单元格区域。

步骤04 打开"选择性粘贴"对话框，在"粘贴"选项组中选中"数值"单选按钮，在"运算"选项组中选中"乘"或者"除"单选按钮,如图2-18所示。

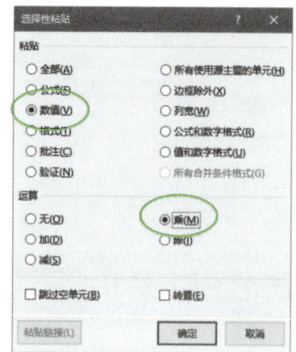

图2-18 利用选择性粘贴将文本型数字转换为数值

步骤05 单击"确定"按钮。

当然,也可以先在空白单元格内输入数字"0",此时就需要在"选择性粘贴"对话框中选中"加"或者"减"单选按钮了。

3. 利用"分列"工具

一般情况下,从系统导入的文本型数字都可以使用"分列"工具快速转换。具体操作是选择某列,单击"数据"选项卡中的"分列"按钮,打开"文本分列向导 - 第1步,共3步"对话框,单击"完成"按钮即可。

这种方法,每次只能选择一列来转换("分列"工具的本意就是把一列分成几列,因此操作时只能选择一列)。如果有几十列文本型数字要转换,就需要执行几十次相同的操作,此时,还是使用选择性粘贴方法更快捷、方便。

4. 利用 VALUE 函数

利用 VALUE 函数将文本型数字数据转换为数值的方法也非常简单。假如 B2 是文本型数字,在单元格 C2 中输入公式"=VALUE(B2)",即可将文本型数字转换为数值型数字。

5. 利用公式

Excel 有一个计算规则,对于文本型数字,当进行加减乘除四则运算时,就自动把文本转换为数字。可以利用这个规则,使用公式来进行转换。

下面举例说明,假如 B2 是文本型数字,在单元格 C2 中输入下面的公式,就可以将文本型数字转换为数值型数字。

= 1*B2	乘以1	
= B2/1	除以1	
= --B2	两个负号,	负负得正, 相当于乘以1

2.2.5 空单元格填充数据

某些 ERP 软件导出的数据表单可能存在大量的空单元格。这些空单元格有时是有实际意义的,可能是上一个单元格的数据,或者是下一个单元格的数据;有时并没有任何意义,但是会影响数据汇总分析的效率。因此,我们需要对这些空单元格进行填充数据处理。

1. 填充为其他单元格数据

案例2-3

如图2-19所示，A、B、C、D列中存在大量空单元格，这些空单元格实际上是上一行的数据。现在需要把这些空单元格进行填充，如何快速完成？

利用定位填充法，可以迅速达到目的。具体的操作步骤如下。

步骤01 选择A列至D列。

步骤02 按F5键或者Ctrl+G组合键，打开"定位"对话框。

步骤03 单击"定位条件"按钮（如图2-20所示），打开"定位条件"对话框，选中"空值"单选按钮，如图2-21所示。

步骤04 单击"确定"按钮，即可将选定区域内的所有空单元格选中，如图2-22所示。

图2-19 表格中存在大量的空单元格　　　　图2-20 单击"定位条件"按钮

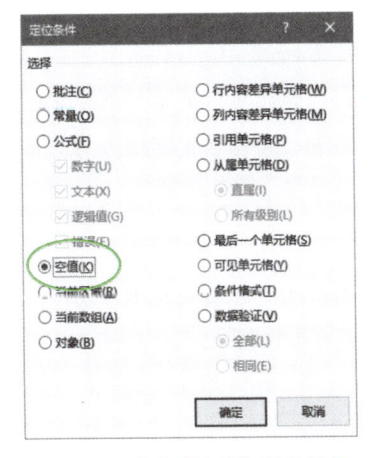

图2-21 选中"空值"单选按钮　　　　图2-22 选中A列至D列数据区域内所有的空单元格

步骤05 注意当前的活动单元格是A4，因此在该单元格内输入公式"=A3"（因为要把上面的数据往下填充，所以要引用当前活动单元格的上一行单元格），然后按Ctrl+Enter组合键，就得到了一个数据完整的工作表，如图2-23所示。

步骤06 选中A列至D列，采用选择性粘贴的方法将公式转换为数值。

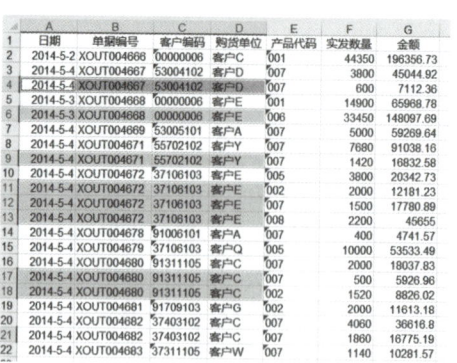

图2-23 数据填充完毕

2. 填充为数字0

如果要往数据区域的空单元格中快速填充数字0，有两种高效的方法，分别是查找替换法和定位填充法。

查找替换法的基本步骤是，打开图2-24所示的"查找和替换"对话框，在"查找内容"文本框里什么都不输入，在"替换为"文本框里输入0，单击"全部替换"按钮，这样数据区域内所有的空单元格都被输入了数字0。

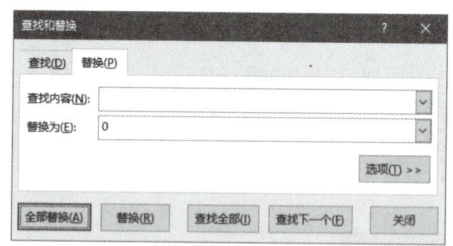

图2-24 准备往数据区域的所有空单元格填充数字0

定位填充法的基本步骤是，先按F5键，打开"定位"对话框。单击"定位条件"按钮，在弹出的"定位条件"对话框中选中"空值"单选按钮，定位数据区域内的所有空单元格，然后输入数字0，按Ctrl+Enter组合键，这样就完成了数字0的填充。

2.2.6 快速删除表单中的空行

空行的存在可能是人工插入的，也可能是从系统导出的表格本身就存在的。对于基础数据表格来说，空行一点用也没有，最好将其删除。

◎ 案例2-4

图2-25所示是一个存在大量空行的实际案例，是从系统导入的银行存款日记账表格。在这个表格中，有大量的空行和合并单元格，它们的存在会影响到银行对账工作，必须删除空行，并把合并单元格处理掉。

观察表格的结构和数据，除C列以外，以其他各列为参照，将空行删除，就可以一次性解决空行和合并单元格的问题。

下面以A列为例演示快速删除大量空行的操作步骤。

步骤01 按 F5 键或者 Ctrl+G 组合键,打开"定位"对话框。单击"定位条件"按钮,打开"定位条件"对话框,把 A 列所有的空单元格选择出来,如图 2-26 所示。

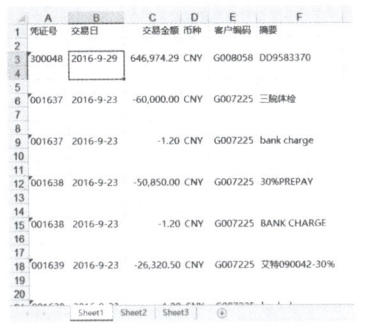
图2-25 存在大量空行和合并单元格

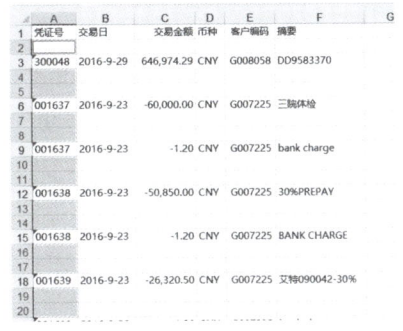
图2-26 选中了A列所有的空单元格

步骤02 在"开始"选项卡中单击"删除"下拉按钮,在弹出的下拉菜单中选择"删除工作表行"命令,如图 2-27 所示。

这样,就得到了一个没有空行的规范表单,如图 2-28 所示。

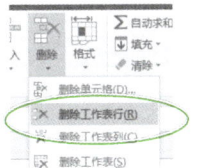
图2-27 选择"删除工作表行"命令

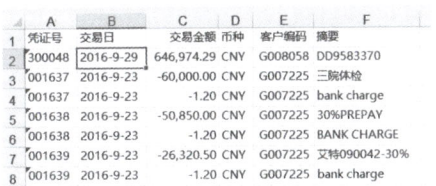
图2-28 删除空行后的表格数据

2.2.7 快速删除小计行

很多人习惯在基础表单中,按照类别插入很多小计行,这样的小计行其实是没必要的,不仅增加了工作量,也不利于后面的数据处理和分析,应予以删除。

扫码看视频

删除小计行的最简便方法是利用查找替换工具或者筛选的方法,把所有的小计单元格选出来,然后删除工作表行。

图 2-29 所示是利用"查找和替换"对话框来选择所有小计,具体操作步骤如下。

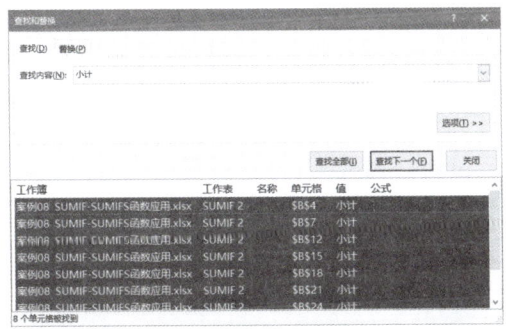
图2-29 利用"查找和替换"对话框选择所有小计单元格

步骤01 打开"查找和替换"对话框。

步骤02 在"查找内容"文本框里输入"小计"。

步骤03 单击"查找全部"按钮,即可查出全部的小计单元格。

步骤04 按 Ctrl+A 组合键,选择全部小计单元格,然后单击"关闭"按钮,关闭"查找和替换"对话框。

步骤05 在"开始"选项卡中单击"删除"下拉按钮,在弹出的下拉菜单中选择"删除工作表行"命令,即可将所选中的"小计"行全部删除。

2.2.8 删除重复数据

扫码看视频

如果要快速删除数据清单中的重复数据,留下不重复的数据,可以通过"删除重复值"按钮来完成,如图2-30所示。

图2-30 "删除重复值"按钮

案例2-5

图 2-31 所示是一个有重复报销记录的表单,现在要把重复的数据删除,仅保留一行唯一的数据,具体操作步骤如下。

步骤01 单击数据区域任一单元格。

步骤02 单击"数据"选项卡中的"删除重复值"按钮,打开"删除重复项"对话框,勾选"数据包含标题"复选框,并保证选择所有的列,如图 2-32 所示。

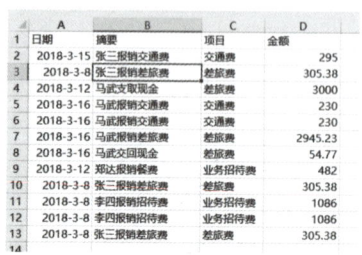

图2-31 有重复数据的表格

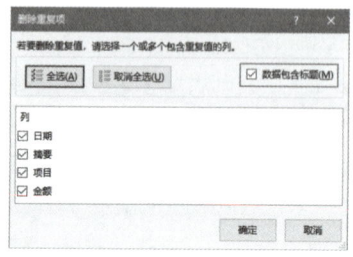

图2-32 "删除重复项"对话框

步骤03 单击"确定"按钮,会弹出一个提示对话框,如图 2-33 所示。

步骤04 单击"确定"按钮,关闭对话框,就得到了一个没有重复数据的表单,如图 2-34 所示。

图2-33 删除重复值信息框

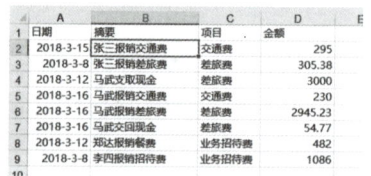

图2-34 没有重复数据的表单

2.2.9 数据分列

数据分列是在实际工作中经常碰到的数据处理问题之一。从系统导入的数据，或者从网上下载的文件，或者一个文本文件，这些数据往往是保存为一列的数据，需要根据具体情况，对数据进行分列，以便让不同的数据分列保存到各列。

分列的方法主要有分列工具和函数公式两种。

1. 利用分列工具进行分列

如果数据中有明显的分隔符号，如空格、逗号、分号，或者其他的符号标记时，就可以使用分列工具快速分列。下面通过具体的案例讲解分列工具的使用方法。

◎ 案例2-6

图 2-35 所示是从指纹刷卡机中导出的刷卡数据，如果要对每个人的考勤进行统计分析，那么首先要把日期和时间分开。

扫码看视频

图2-35 指纹刷卡机导出的原始考勤数据

观察数据得知，日期和时间中间有一个空格，并且是作为文本保存在了同一个单元格。因此，可以使用空格来分列，具体操作步骤如下。

步骤01 在 D 列后面插入一列。

步骤02 选择 D 列。

步骤03 单击"数据"选项卡中的"分列"按钮，打开"文本分列向导－第1步，共3步"对话框。

步骤04 选中"分隔符号"单选按钮，如图 2-36 所示。

步骤05 单击"下一步"按钮，进入第2步，勾选"空格"复选框，如图 2-37 所示。

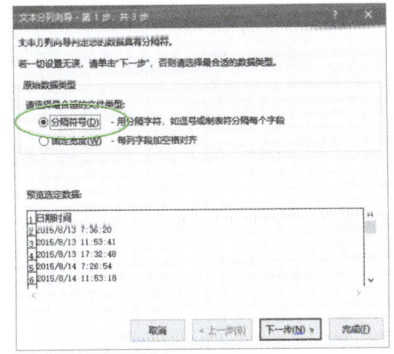

图2-36 选中"分隔符号"单选按钮

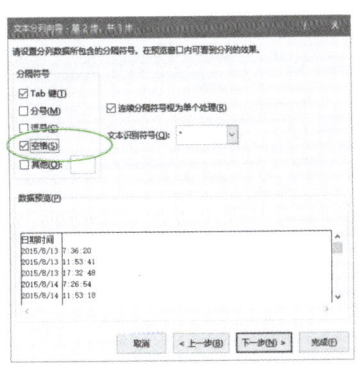

图2-37 勾选"空格"复选框

步骤 06 单击"下一步"按钮，进入第 3 步，在底部的列表框中选择第一列的日期，然后选中"日期"单选按钮，如图 2-38 所示。

步骤 07 单击"完成"按钮，得到分列后的考勤数据，最后修改标题，如图 2-39 所示。

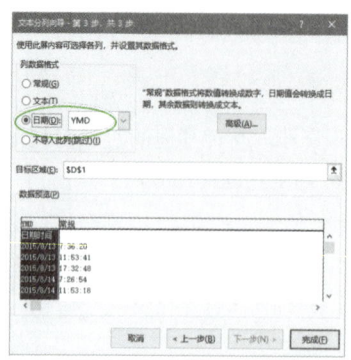

图 2-38　选中"日期"单选按钮　　　　　图 2-39　日期和时间分列后的刷卡数据表

案例 2-7

扫码看视频

如果要分列的各个数据之间没有明显的分隔符号，但都占位一定的固定宽度，那么也可以利用分列工具进行快速分列。

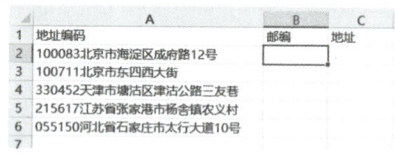

图 2-40 所示就是一个例子，要把 A 列的邮政编码和地址分成两列。

仔细观察数据特点，邮编是固定的 6 位数（要　图 2-40　把A列分成邮政编码和地址两列
注意分列后必须处理为文本型数字，否则第一位的 0 就没有了），因此可以使用固定宽度分列。

步骤 01 选择 A 列。

步骤 02 单击"数据"选项卡中的"分列"按钮，打开"文本分列向导-第 1 步，共 3 步"对话框。

步骤 03 选中"固定宽度"单选按钮，如图 2-41 所示。

步骤 04 单击"下一步"按钮，进入第 2 步，在标尺的位置单击鼠标，设置分列线（仔细看对话框中的说明文字），如图 2-42 所示。

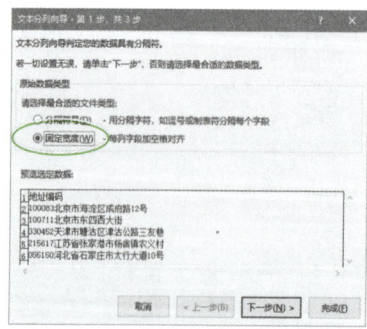 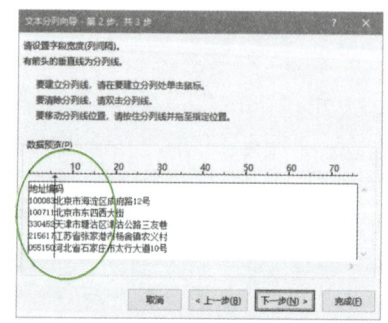

图 2-41　选中"固定宽度"单选按钮　　　　图 2-42　设置分列线

步骤05 单击"下一步"按钮,进入第 3 步,在底部的列表框中选择第一列的邮政编码,然后选中"文本"单选按钮,如图 2-43 所示。

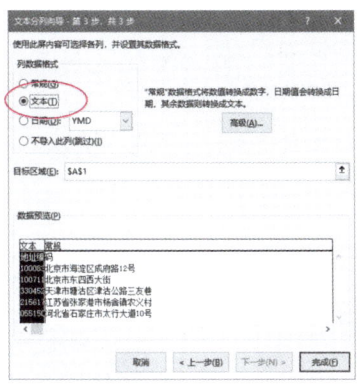

图2-43 选中"文本"单选按钮

步骤06 此时得到分列后的数据。最后将标题进行修改。

2. 利用函数进行分列

在上面的例子中,如果不允许破坏原始的数据,而要求从 A 列原始数据中分别提取邮政编码和地址,分别保存到 B 列和 C 列中,应该怎么做?此时就需要使用函数了。

扫码看视频

案例2-8

由于邮政编码是固定的 6 位数,可以使用 LEFT 函数直接取出左侧的 6 位数,然后再用 MID 从第 7 位开始把右侧的取出来,公式如下。

B2 单元格,邮编:=LEFT(A2,6)
C2 单元格,地址:=MID(A2,7,100)

完成后的效果如图 2-44 所示。

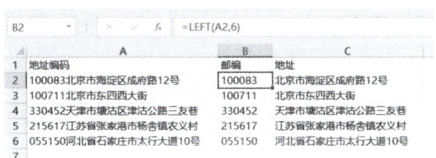

图2-44 使用函数分列数据

在 MID 函数中,由于我们是把第 7 个以后的所有字符都取出来,因此函数的第 3 个参数给了一个足够大的数字(100 个),这样就没必要去计算右边需要取几个字符了。

案例2-9

在实际工作中也经常会遇到这样的情况,数字编码和汉字名称连在了一起,它们中间没有任何分隔符号,而且数字个数和汉字个数也是变化的,现在要把它们分成两列。

图 2-45 所示是产品名称和规格连在一起的例子,下面需要把产品名称和规格分开。

考虑到 A 列单元格数据仅仅是由数字(乘号"*"与数字算作一类,它们都是半角字符）和汉字（它们是全角字符）组成，每个数字有 1 个字节；而每个汉字有 2 个字节，因此我们可以使用 LENB 函数和 LEN 函数对数据长度进行必要的计算（注意它们的关系是字符串的字节数减去字符数，就是汉字的个数），再利用 LEFT 函数和 RIGHT 函数将产品规格剥离出来，提取名称和规格的公式如下。

单元格 B2： =LEFT(A2,LENB(A2)-LEN(A2))

单元格 C2： =RIGHT(A2,2*LEN(A2)-LENB(A2))

完成后的效果如图 2-46 所示。

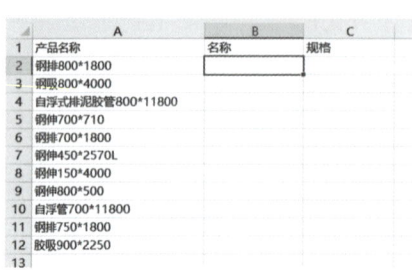
图2-45 产品名称和规格连在一起

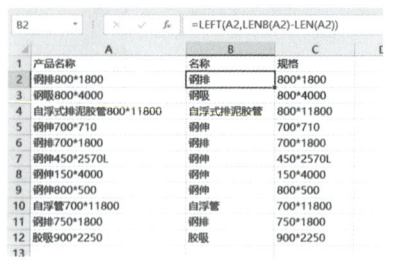
图2-46 分离出的产品名称和规格

2.2.10 将二维表格转换为一维表单

二维表格本质上是一种汇总表，如果作为数据源来使用，则需要将二维表格转换为一维表单。将二维表格转换为一维表单的方法有数据透视表和 Power Query 两种。

1. 数据透视表方法

在任何版本的 Excel 中都可以使用的转换方法是借助于多重合并计算数据区域功能，此功能的快捷键是 Alt+D+P（这里的 P 要按两下）。

⊙ 案例2-10

以图 2-47 所示的数据为例，使用多重合并计算数据区域来转换二维表格的具体步骤如下。

步骤 01 按 Alt+D+P 组合键，打开"数据透视表和数据透视图向导 - 步骤 1（共 3 步）"对话框，选中"多重合并计算数据区域"单选按钮，如图 2-48 所示。

图2-47 原始的二维表格

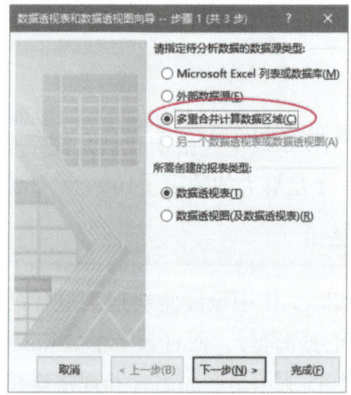
图2-48 选中"多重合并计算数据区域"单选按钮

步骤 02 单击“下一步”按钮，打开“数据透视表和数据透视图向导 – 步骤 2a（共 3 步）”对话框，保持默认，如图 2–49 所示。

步骤 03 单击“下一步”按钮，打开“数据透视表和数据透视图向导 – 步骤 2b（共 3 步）”对话框，选择添加数据区域，如图 2–50 所示。

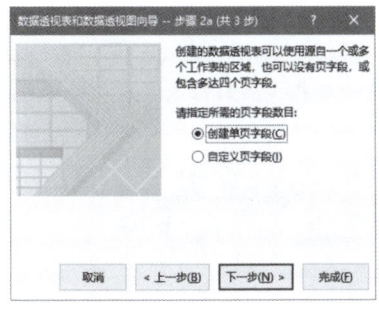

图2–49　保持默认设置

	A	B	C	D	E
1	地区	一季度	二季度	三季度	四季度
2	华北	201	741	796	718
3	东北	337	633	584	798
4	西北	526	279	679	775
5	华中	671	453	434	640
6	华南	599	404	433	590
7	西南	221	305	318	711
8	华东	773	224	395	479

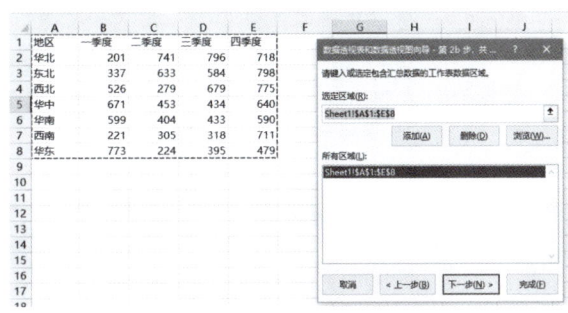

图2–50　选择添加数据区域

步骤 04 单击“下一步”按钮，打开“数据透视表和数据透视图向导 – 步骤 3（共 3 步）”对话框，选中“新工作表”单选按钮，如图 2–51 所示。

步骤 05 单击“完成”按钮，即可得到一张数据透视表，如图 2–52 所示。

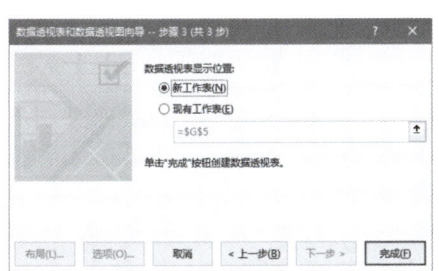

图2–51　选中“新工作表”单选按钮

	A	B	C	D	E	F
1	页1	(全部)				
2						
3	求和项:值	列标签				
4	行标签	二季度	三季度	四季度	一季度	总计
5	东北	633	584	798	337	2352
6	华北	741	796	718	201	2456
7	华东	224	395	479	773	1871
8	华南	404	433	590	599	2026
9	华中	453	434	640	671	2198
10	西北	279	679	775	526	2259
11	西南	305	318	711	221	1555
12	总计	3039	3639	4711	3328	14717
13						

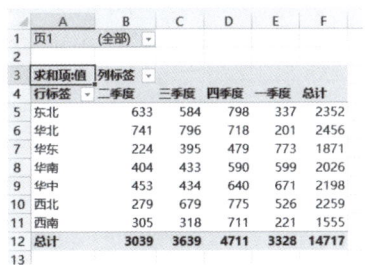

图2–52　得到的数据透视表

步骤 06 连续单击两次数据透视表最右下角的总计数单元格（本案例是数值 14717 所在单元格），就得到如图 2–53 所示的结果。

	A	B	C	D
1	行	列	值	页1
2	东北	二季度	633	项1
3	东北	三季度	584	项1
4	东北	四季度	798	项1
5	东北	一季度	337	项1
6	华北	二季度	741	项1
7	华北	三季度	796	项1
8	华北	四季度	718	项1
9	华北	一季度	201	项1
10	华东	二季度	224	项1
11	华东	三季度	395	项1
12	华东	四季度	479	项1
13	华东	一季度	773	项1
14	华南	二季度	404	项1
15	华南	三季度	433	项1
16	华南	四季度	590	项1
17	华南	一季度	599	项1

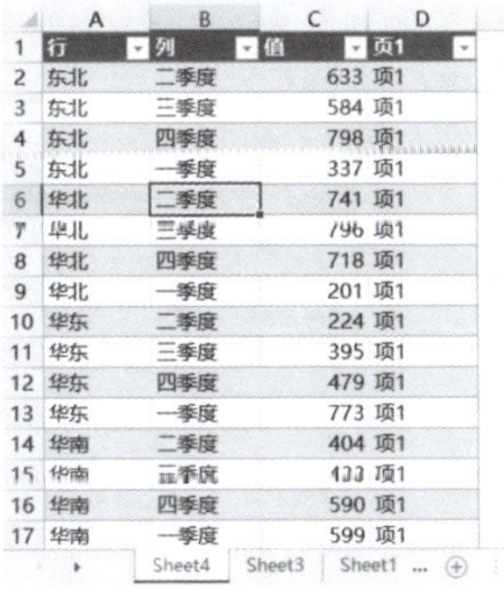

图2–53　连续单击两次总计数单元格得到的列表

最后再整理这个表格。

这种转换方法，熟练后不到一分钟就能将二维表格转换为一维表单。

2. Power Query 方法

如果使用的是 Excel 2016 版，还可以用另外一种更简单、更快捷的方法——Power Query。以上面的数据为例，具体操作步骤如下。

步骤 01 单击表格的任一单元格。

步骤 02 在"数据"选项卡的"获取和转换"组中单击"从表格"按钮，如图 2-54 所示。

步骤 03 在弹出的"创建表"对话框中保持默认的区域选择，然后勾选"表包含标题"复选框，如图 2-55 所示。

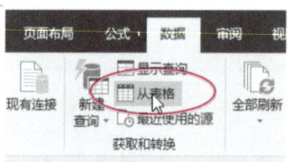
图2-54 单击"从表格"按钮

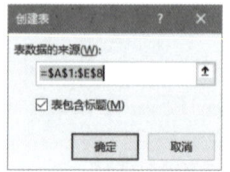
图2-55 "创建表"对话框

步骤 04 单击"确定"按钮，打开"表1-查询编辑器"窗口，如图 2-56 所示。

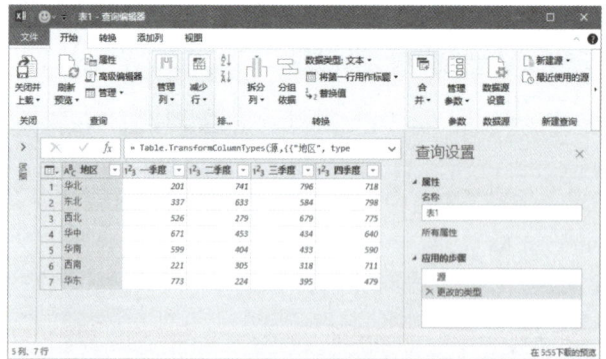
图2-56 "表1-查询编辑器"窗口

步骤 05 选择第一列"地区"，然后在"转换"选项卡中单击"逆透视列"下拉按钮，在弹出的下拉菜单中选择"逆透视其他列"命令，如图 2-57 所示。

那么就得到了如图 2-58 所示的转换结果。

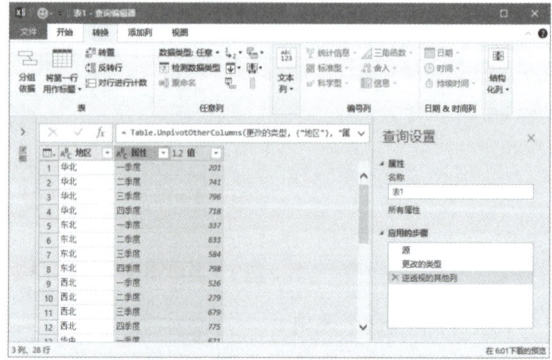

图2-57 选择"逆透视其他列"命令　　　　图2-58 转换结果

步骤 06 在查询表中，分别连续单击两次标题"属性"和"值"，将其重命名为"季度"和"金额"。

步骤 07 在"开始"选项卡中单击"关闭并上载"下拉按钮，在弹出的下拉菜单中选择"关闭并上载"命令，如图 2-59 所示。

此时就得到了一维表单的转换结果，如图 2-60 所示。

图2-59 选择"关闭并上载"命令

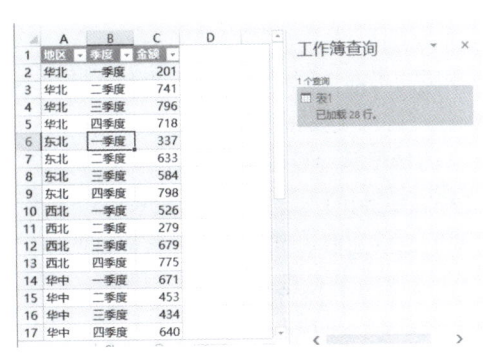

图2-60 导入到工作表的转换结果

第 3 章
以一个一维表单制作数据透视表

依据数据源的不同，制作数据透视表的方法也不尽相同。最常见的是依据一个表格的数据制作数据透视表，这是最简单的情况。

更为复杂的情况是，要依据多个工作表的数据甚至多个工作簿的数据制作数据透视表，这也是经常会遇到的。

此外，我们也可能要以其他类型的文件，例如文本文件或者数据库文件，直接制作数据透视表，不再需要先将数据导入 Excel 工作表。

制作数据透视表，本质上是制作汇总分析报告，是从基础数据中浓缩出一张报表。因此，数据透视表架构的创建本身很容易，难的是制作分析报告。

数据透视表的制作方法有很多，具体怎么用？要注意哪些问题？从本章开始将进行系统的讲解。

3.1 以一个一维表单的全部数据制作数据透视表

大部分的表格是一维表单，并且保存在一个工作表中，此时，创建数据透视表就比较容易，只要单击"数据透视表"命令按钮即可。

3.1.1 数据区域固定的情况——自动选择整个数据区域

案例3-1

图 3-1 所示是一份销售基础数据清单，现在要汇总各种产品的销量、销售额和销售成本毛利。

	A	B	C	D	E	F	G	H
1	客户简称	业务员	月份	产品名称	销量	销售额	销售成本	毛利
2	客户03	业务员01	1月	产品1	15185	691,975.68	253,608.32	438,367.36
3	客户05	业务员14	1月	产品2	26131	315,263.81	121,566.87	193,696.94
4	客户05	业务员18	1月	产品3	6137	232,354.58	110,476.12	121,878.46
5	客户07	业务员02	1月	产品2	13920	65,818.58	43,685.20	22,133.37
6	客户07	业务员27	1月	产品3	759	21,852.55	8,810.98	13,041.57
7	客户07	业务员20	1月	产品4	4492	91,258.86	21,750.18	69,508.68
8	客户09	业务员21	1月	产品8	1392	11,350.28	6,531.22	4,819.06
9	客户69	业务员20	1月	产品4	4239	31,441.58	23,968.33	7,473.25
10	客户69	业务员29	1月	产品1	4556	546,248.53	49,785.11	496,463.41
11	客户69	业务员11	1月	产品3	1898	54,794.45	30,191.47	24,602.99
12	客户69	业务员13	1月	产品8	16957	452,184.71	107,641.82	344,542.89
13	客户15	业务员30	1月	产品3	12971	98,630.02	62,293.01	36,337.01
14	客户15	业务员26	1月	产品1	506	39,008.43	7,147.37	31,861.07
15	客户86	业务员03	1月	产品8	380	27,853.85	5,360.53	22,493.32
16	客户61	业务员35	1月	产品2	38912	155,185.72	134,506.07	20,679.66
17	客户61	业务员01	1月	产品8	759	81,539.37	15,218.96	66,320.40

图3-1 销售基础数据清单

制作数据透视表的基本步骤如下。

步骤01 单击数据区域的任一单元格。

> **注意**
> 不要选择整列，更不要选择整个工作表。这两种做法都是不规范的。如果选择整列是想到以后数据会增加，这样的话可以把新增加的数据自动包含在数据透视表中。如果要实现这样的目的，可使用很多方法。但选择整列的方法会丢失数据透视表的一些功能。

步骤02 在"插入"选项卡中单击"数据透视表"按钮，如图3-2所示。

步骤03 打开"创建数据透视表"对话框，可以看到此时Excel自动选择了整个数据区域，如图3-3所示。

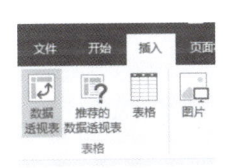

图3-2 单击"数据透视表"按钮

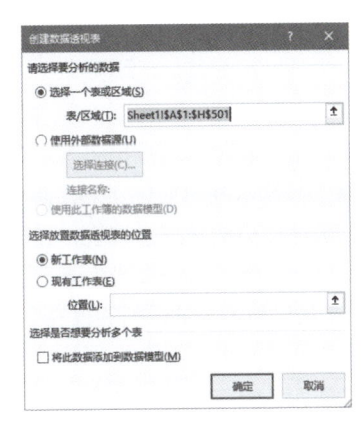

图3-3 "创建数据透视表"对话框

> **注意**
> 如果数据表中有空行，那么到空行位置将不再往下选择区域了，这是要删除空行的原因。

步骤04 在"创建数据透视表"对话框中，选中"新工作表"单选按钮。

> **注意**
> 数据透视表本身是汇总分析报告，而制作数据透视表的源表格是基础数据表，一般情况下，不建议这两个表放在一个工作表上，因此要选择"新工作表"。
> 如果希望数据透视表保存在当前的源数据工作表，或者一个现有的其他工作表中，就选中"现有工作表"单选按钮，然后指定保存单元格。

步骤05 单击"确定"按钮，就会在当前工作簿中自动插入一张新工作表，并创建数据透视表，如图3-4所示。

步骤06 在工作表右侧的"数据透视表字段"窗格里拖动字段，布局透视表，就得到需要的汇总表，如图3-5所示。

图3-4　创建的数据透视表

图3-5　制作的汇总表

数据透视表的核心是布局，即制作汇总分析报告，以及美化报表。这些技能会在后面的章节中详细介绍。

3.1.2 数据区域变动的情况——使用动态名称

上面介绍的是数据源固定不变的情况，实际工作中，数据随时会发生变化，除了数据本身的变化外，数据的行数或列数也会增加或减少。此时，对于按照上面方法创建的数据透视表，如果其数据源增加了行数据或列数据，则这些增加的行数据或列数据不会自动加入到数据透视表中，因此，需要想办法制作能随数据源变化并自动调整数据源区域大小的数据透视表。

一个最简单的方法是使用 OFFSET 函数定义动态名称，然后利用这个名称制作数据透视表。

案例3-2

图 3-6 所示是一个简单的例子，目前只有 11 行、6 列数据，现在要统计每种产品、每个月的销售情况。

这个表格数据会随着时间的推移而增加，行数增加，列数也可能增加。此时，可以先定义一个动态名称 Data，其引用位置（假如数据所在工作表名称是"销售记录"）如下。

=OFFSET(销售记录!A1,,,COUNTA(销售记录!$A:$A),COUNTA(销售记录!$1:$1))

定义动态名称的方法很简单，具体操作步骤如下。

步骤01 在"公式"选项卡中单击"定义名称"按钮，如图 3-7 所示。

图3-6　原始数据

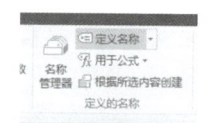

图3-7　单击"定义名称"按钮

步骤02 打开"新建名称"对话框,在"名称"文本框中输入名称Data,在"引用位置"文本框中输入上面的公式(一个好习惯是先在工作表单元格中把这个公式做好,然后复制到这个对话框中),单击"确定"按钮,如图3-8所示。

这样,就定义了一个名称Data。

如果要查看已定义的名称,在"公式"选项卡中单击"名称管理器"按钮,在弹出的"名称管理器"对话框中即可看到刚才定义的名称,如图3-9所示。

图3-8 "新建名称"对话框 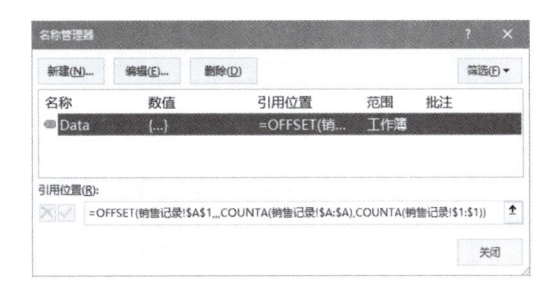   图3-9 在"名称管理器"对话框中查看定义的名称

定义了名称后,下面利用这个名称制作动态数据源的数据透视表。

步骤03 单击远离数据区域的任一空单元格。

步骤04 在"插入"选项卡中单击"数据透视表"按钮,打开"创建数据透视表"对话框。

步骤05 选中"选择一个表或区域"单选按钮,在其下方的"表/区域"文本框中输入定义的名称Data,在"选择放置数据透视表的位置"选项组中选中"新工作表"单选按钮,如图3-10所示。

步骤06 单击"确定"按钮,就在一个新工作表中创建一个数据透视表,然后进行布局,得到如图3-11所示的报表。

图3-10 以定义的名称制作数据透视表   图3-11 以定义的名称制作的数据透视表

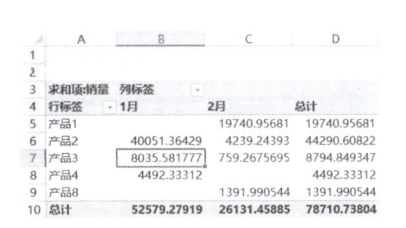

如果源数据发生了变化(例如,数据区域增加了行数据,也增加了列数据,如图3-12所示),那么只要在数据透视表中右击,在弹出的快捷菜单中选择"刷新"命令即可,如图3-13所示。

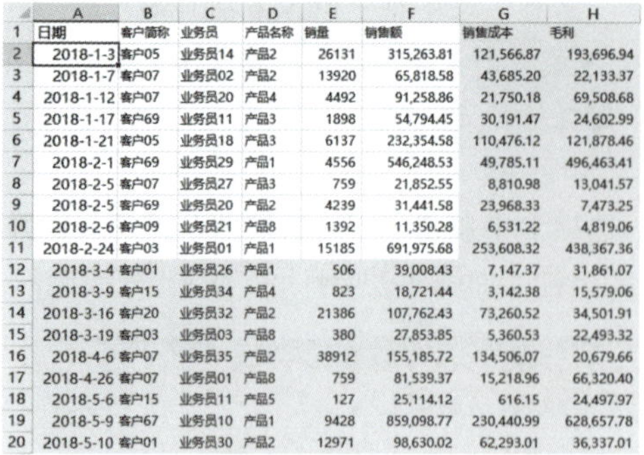

图3-12 数据区域增加了9行和2列数据　　　　图3-13 在快捷菜单中选择"刷新"命令

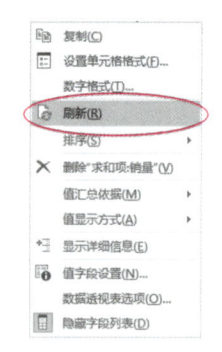

此时数据透视表就会发生变化，同时在右侧的"数据透视表字段"窗格中新增加了2个字段，如图3-14所示。

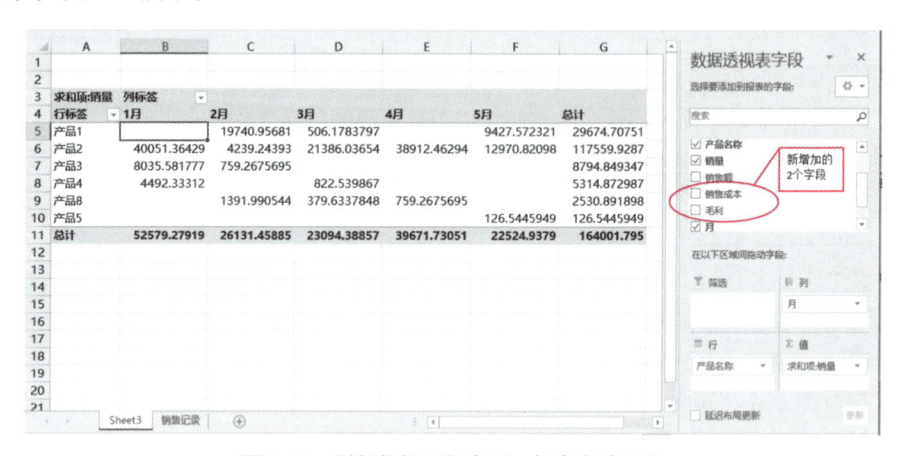

图3-14 刷新数据透视表后，报表自动更新

而如果数据区域减少了行数据或列数据，数据透视表也能更新到最新的状态。

3.1.3 数据区域变动的情况——使用现有连接工具

如果工作表数据会随时发生增减，除了可以使用前面介绍的动态名称外，还可以使用现有连接工具，这个工具的核心是使用外部数据连接的方法实现的。

不过需要注意的是：当数据透视表做好后，工作簿的保存位置最好不要发生变化，否则就可能出现无法更新数据的情况。

扫码看视频

案例3-3

以3.1.2小节中的"案例3-2"的数据为例，使用现有连接工具建立基于动态数据区域的数据透视表，具体操作步骤如下。

步骤01 在"数据"选项卡中单击"现有连接"按钮，如图3-15所示。

打开"现有连接"对话框，如图3-16所示。

图3-15　单击"现有连接"按钮 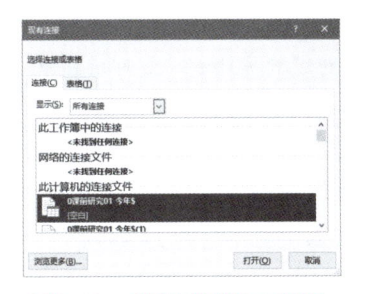　　　　图3-16　"现有连接"对话框

步骤 02 单击左下角的"浏览更多"按钮，打开"选取数据源"对话框，从文件夹中选择要制作数据透视表的工作簿，如图3-17所示。

步骤 03 单击"打开"按钮，打开"选择表格"对话框，选择要制作数据透视表的工作表，如图3-18所示。

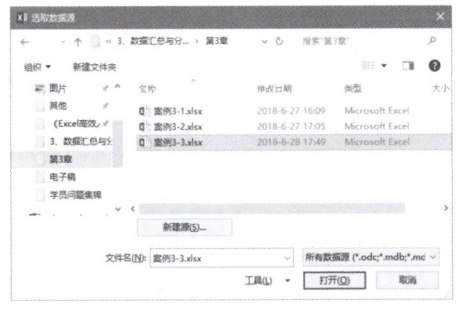

图3-17　选择工作簿 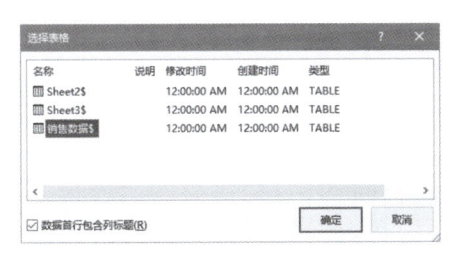　　　　图3-18　选择工作表

> **注意**
>
> 凡是名称后面有"$"的才是工作表。

步骤 04 单击"确定"按钮，打开"导入数据"对话框，选中"数据透视表"和"新工作表"单选按钮，如图3-19所示。

步骤 05 单击"确定"按钮，就在新工作表上创建了一个数据透视表，如图3-20所示。然后根据要求进行布局，制作各种分析报告。

而当源数据工作表数据增减后，只需刷新透视表即可。

图3-19　选中"数据透视表"和"新工作表"单选按钮 　　　　图3-20　利用"现有连接"工具创建的数据透视表

> **说明**
>
> 在"创建数据透视表"对话框中,有一个单选按钮"使用外部数据源",如图3-21所示。当选中此单选按钮时,将激活"选择连接"按钮。单击该按钮,就可以打开"现有连接"对话框,下面的操作与上面介绍的完全一样。
>
> "创建数据透视表"对话框中的"使用外部数据源",实际上就是"现有连接"工具,只不过更简单一点。

图3-21 "使用外部数据源"单选按钮

3.2 以一个一维工作表的部分数据制作数据透视表

如果要以工作表的部分数据制作数据透视表,即仅仅取该工作表的某几列、满足条件的某些行数据来制作数据透视表时,最简单的方法是使用 Microsoft Query 方法;如果使用的是 Excel 2016,则可以使用更为简单的 Power Pivot 方法。这种方法在处理大量数据时特别有用,尤其是在不打开源数据工作簿文件的情况下,从该工作簿中提取满足条件的数据进行透视分析。

下面结合一个简单的例子讲解这两种方法。

案例3-4

图 3-22 所示是保存有历年来员工进出时序的花名册,现在要求把在职的、合同类型为"劳动合同"的主要字段数据抓取出来进行透视分析。这些字段包括姓名、公司、部门、合同类型、工龄、性别、年龄、文化程度。

	A	B	C	D	E	F	G	H	I	J	K	L	M	N
1	工号	姓名	公司	部门	合同类型	进公司日期	工龄	性别	出生日期	年龄	文化程度	婚否	离职日期	离职原因
2	G001	A001	制品公司	客服部	劳动合同	1996-5-18	22	男	1970-10-6	47	高中	已婚		
3	G002	A002	原材料公司	制造部	劳动合同	1996-7-1	21	女	1964-5-16	54	初中	已婚		
4	G003	A003	制品公司	装配部	劳动合同	1996-7-1	21	男	1967-11-8	50	初中	已婚		
5	G004	A004	制品公司	装配部	劳动合同	1996-7-1	20	女	1969-9-17	48	初中	已婚	2017-6-12	个人原因辞职
6	G005	A005	制品公司	质量部	劳动合同	1996-7-1	21	男	1972-10-26	45	中专	已婚		
7	G006	A006	原材料公司	制造部		1996-12-16	21	男	1971-2-22	47	初中	已婚		
8	G007	A007	制品公司	装配部	劳动合同	1997-3-1	21	男	1967-6-25	51	初中	已婚		
9	G008	A008	制品公司	制造部	劳动合同	1997-5-1	18	女	1975-2-4	43	本科	已婚	2015-12-2	考核不合格辞退
10	G009	A009	制品公司	制造部	劳动合同	1997-6-1	21	男	1963-4-22	55	大专	已婚		
11	G010	A010	制品公司	设备部	劳动合同	1997-6-1	21	男	1974-2-11	44	本科	已婚		
12	G011	A011	物流公司	财务部	劳动合同	1997-6-1	21	女	1963-2-5	55	中专	已婚		
13	G012	A012	制品公司	装配部		1997-9-24	20	男	1976-7-28	41	中技	已婚		
14	G013	A013	制品公司	装配部	劳动合同	1998-9-8	19	男	1971-7-19	46	中技	已婚		
15	G014	A014	制品公司	装配部		1999-3-1	15	男	1976-11-22	41	中技	已婚	2014-9-13	合同终止
16	G015	A015	原材料公司	制造部	劳动合同	1999-4-14	19	男	1965-7-7	52	高中	已婚		
17	G016	A016	制品公司	研发部	劳动合同	1999-4-14	19	男	1974-10-25	43	初中	已婚		
18	G017	A017	制品公司	装配部	劳动合同	1999-4-14	19	男	1971-3-4	47	中技	已婚		

图3-22 员工基本信息

3.2.1 任何一个 Excel 版本都可以使用的 Microsoft Query 方法

Microsoft Query 方法在任何 Excel 一个版本中都能使用,也很简单,具体的操作步骤如下。

步骤01 在"数据"按钮选项卡中单击"自其他来源"下拉按钮，在弹出的下拉菜单中选择"来自 Microsoft Query"命令，如图 3-23 所示。

步骤02 打开"选择数据源"对话框，选择"Excel Files*"，如图 3-24 所示。

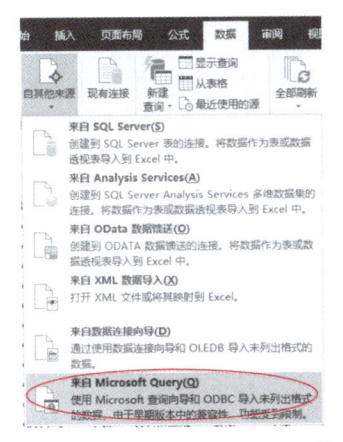

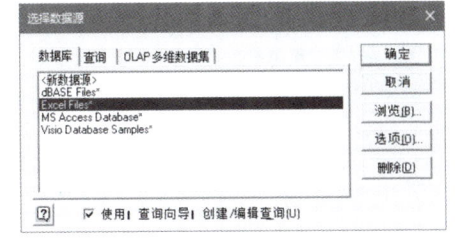

图3-23　选择"来自Microsoft Query"命令　　　图3-24　"选择数据源"对话框

步骤03 单击"确定"按钮，打开"选择工作簿"对话框，从文件夹里选择工作簿，如图 3-25 所示。

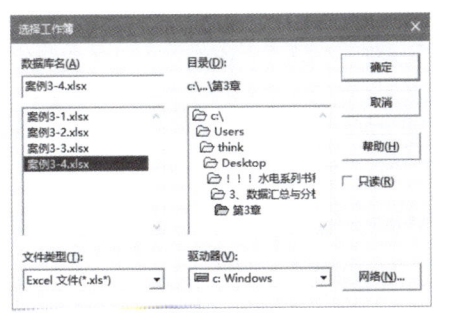

图3-25　选择要查询并制作数据透视表的工作簿

步骤04 单击"确定"按钮，打开"查询向导－选择列"对话框，如图 3-26 所示。展开左侧列表框中的字段，把需要的字段移到右侧的列表框中，如图 3-27 所示。

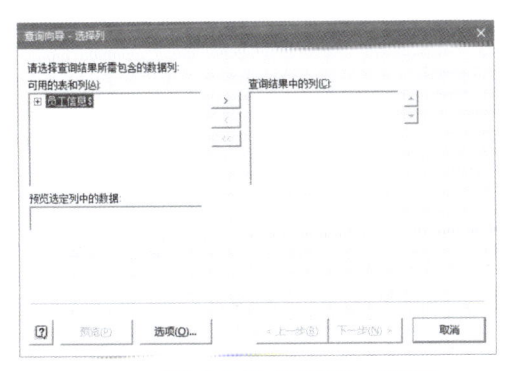

图3-26　"查询向导-选择列"对话框　　　图3-27　选择要分析的字段

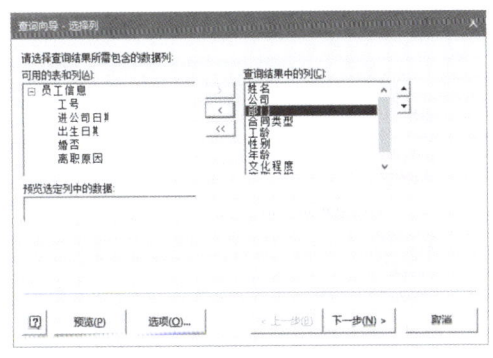

> **注意**
>
> 由于要分析在职员工，因此还需要把"离职日期"或者"离职原因"也移到右侧列表框，以便于进行筛选。

步骤 05 单击"下一步"按钮，在弹出的"查询向导－筛选数据"对话框中，选择"离职日期"或者"离职原因"，然后设置筛选条件为"为空"，如图 3-28 所示。

步骤 06 选择"合同类型"，然后设置"筛选条件"为"等于""劳动合同"，如图 3-29 所示。

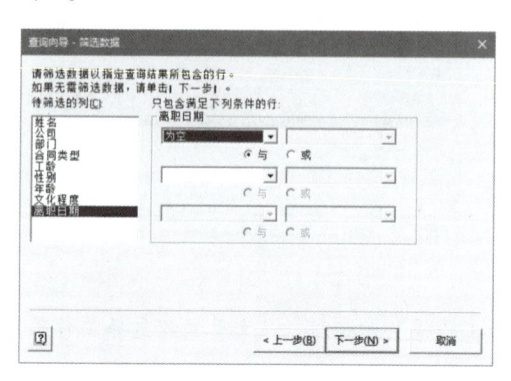

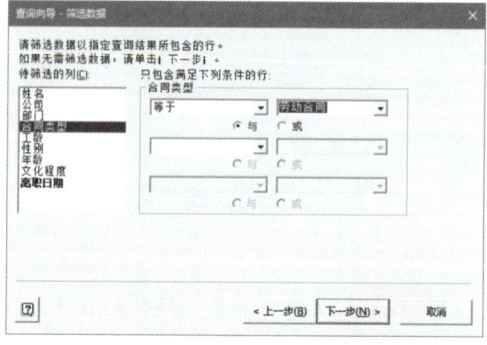

图 3-28　筛选在职员工　　　　图 3-29　筛选合同类型为"劳动合同"

步骤 07 单击"下一步"按钮，打开"查询向导－排序顺序"对话框，保持默认设置，如图 3-30 所示。

步骤 08 单击"下一步"按钮，打开"查询向导－完成"对话框，保持默认，如图 3-31 所示。

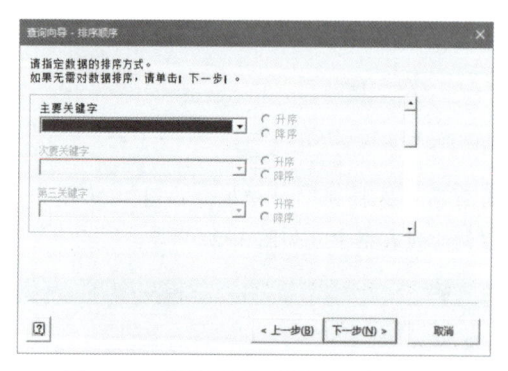

图 3-30　"查询向导－排序顺序"对话框　　　　图 3-31　"查询向导－完成"对话框

步骤 09 单击"完成"按钮，打开"导入数据"对话框，选中"数据透视表"和"新工作表"单选按钮。

步骤 10 单击"确定"按钮，就在新工作表上创建了一个数据透视表，如图 3-32 所示。

步骤 11 根据要求对数据透视表进行布局即可得到分析报告，如图 3-33 所示。

这种方法制作的数据透视表与源数据工作表是动态链接的，如果源数据发生了变化，那么只需要在数据透视表内右击，在弹出的快捷菜单中选择"刷新"命令即可。

图3-32　创建的数据透视表

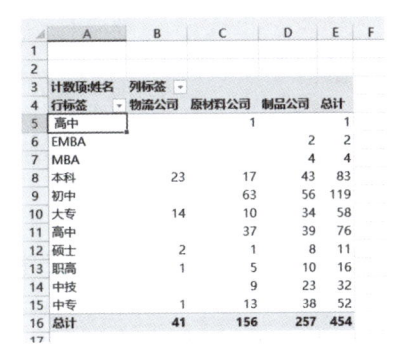

图3-33　每个公司、每种学历的人数统计

3.2.2　在 Excel 2016 版本中使用 Power Query+ Power Pivot 方法

下面使用 Power Query+Power Pivot 方法来制作数据透视表，不过这个方法只能在 Excel 2016 以上版本中使用。具体操作步骤如下。

步骤01 单击数据区域内的任一单元格。

步骤02 在"数据"选项卡中单击"获取和转换"组中的"从表格"按钮，如图3-34所示。

步骤03 打开"创建表"对话框，"表数据的来源"保持默认，勾选"表包含标题"复选框，如图3-35所示。

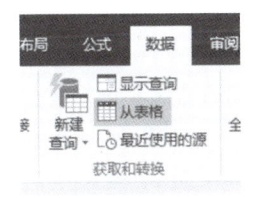

图3-34　单击"从表格"按钮

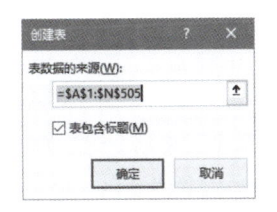

图3-35　"创建表"对话框

步骤04 单击"确定"按钮，打开"表1-查询编辑器"窗口，如图3-36所示。

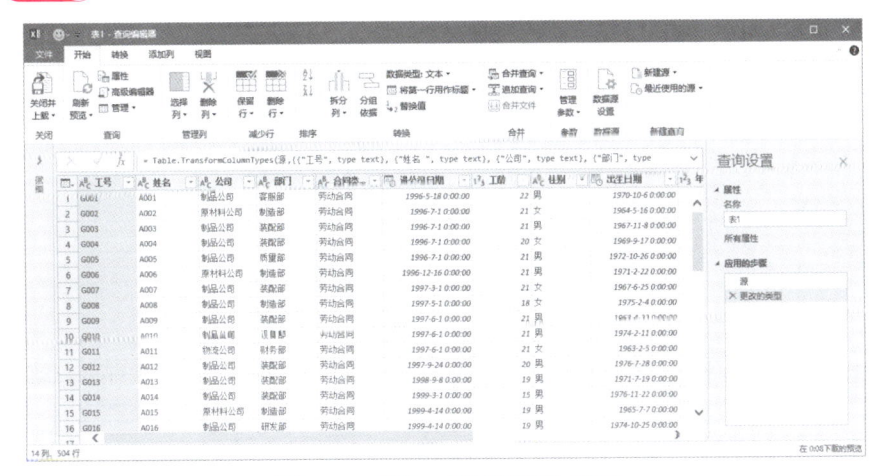

图3-36　"表1-查询编辑器"窗口

33

步骤05 在右侧的"查询设置"窗格中可以看到,默认的查询名称是"表1",现在将其修改为"在职人员"。

步骤06 在"查询设置"窗格中可以看到,"应用的步骤"栏中有一个默认的步骤 ✕ 更改的类型,当发现某一错误步骤时,可以单击此项将其删除。

步骤07 另外,"进公司日期""出生日期""离职日期"的数据都是带时间的格式,因此在窗口顶部功能区中单击"数据类型:任意"右侧的下拉按钮,在弹出的下拉列表中选择"日期"选项,设置3列日期的数据类型为"日期",如图3-37所示。

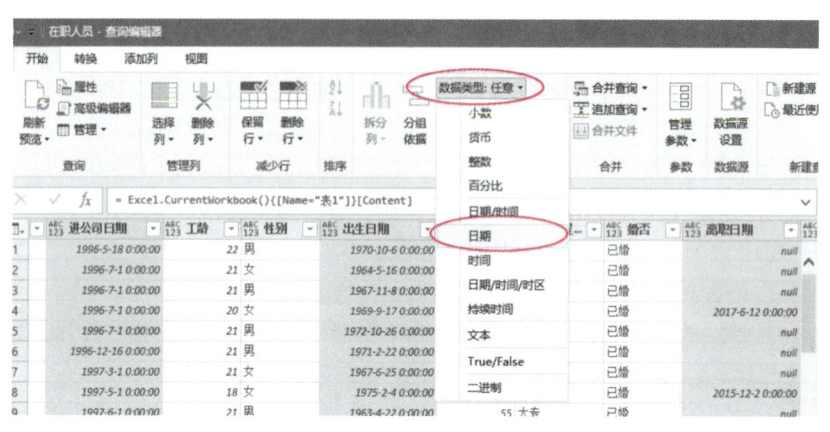

图3-37 设置3列日期的数据类型为"日期"

步骤08 选择所有的数字列(本例是"年龄"和"工龄"两列),将其数据类型设置为"整数"(参考图3-37)。

步骤09 单击"离职日期"或者"离职原因"右侧的筛选按钮,然后选择(null)选项,取消其他所有的选择,如图3-38所示。

步骤10 再从"合同类型"中筛选"劳动合同",如图3-39所示。

图3-38 在"离职日期"中选择(null)　　图3-39 从"合同类型"中筛选"劳动合同"

这样,就得到了图3-40所示的查询结果,这个表格仅仅是在职的、签订了劳动合同的员工。

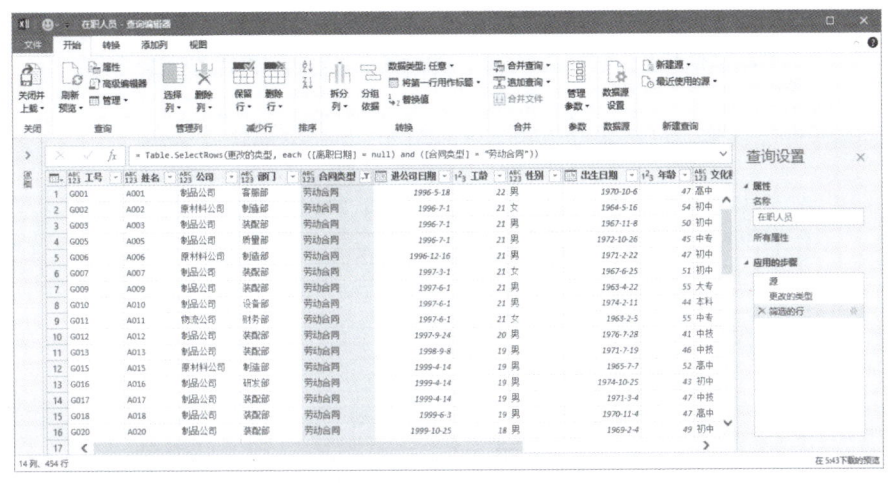

图3-40　查询出在职的、签订了劳动合同的员工信息

步骤11 在"开始"选项卡中单击"关闭并上载"下拉按钮,在弹出的下拉菜单中选择"关闭并上载至"命令,如图3-41所示。

步骤12 打开"加载到"对话框,选中"仅创建连接"单选按钮,勾选"将此数据添加到数据模型"复选框,如图3-42所示。

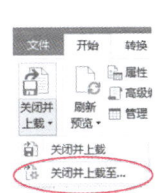

图3-41　选择"关闭并上载至"命令　　　　图3-42　选中"仅创建连接"单选按钮和勾选"将此数据添加到数据模型"复选框

步骤13 单击"加载"按钮,就为工作簿创建了一个查询。此时在工作簿窗口的右侧将出现"工作簿查询"窗格,其中列出了所有的查询。这里仅仅显示了刚做的查询"在职人员,已加载454行",如图3-43所示。

先创建这个查询数据模型的好处是以后可以随时来编辑查询,或者用于更多的数据分析,并且还占很少的内存。

步骤14 在Power Pivot选项卡中单击"管理数据模型"按钮,如图3-44所示。

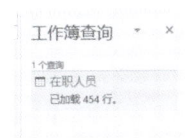

图3-43　创建的签订了劳动合同的在职员工信息查询　　　　图3-44　单击"管理数据模型"按钮

打开 Power Pivot for Excel 窗口，如图 3-45 所示。

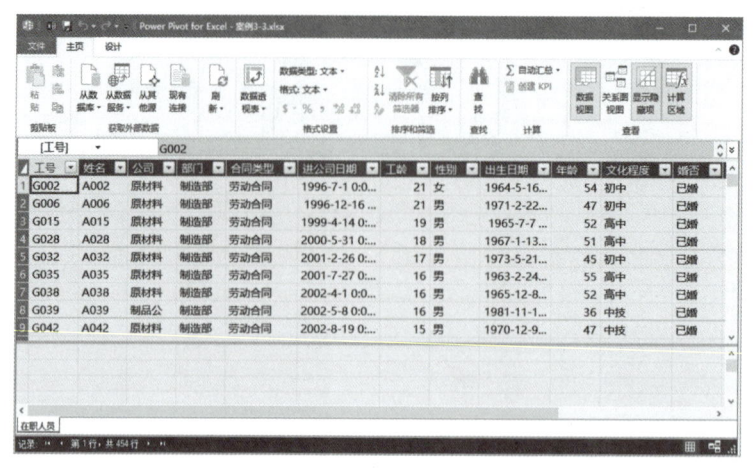

图3-45　Power Pivot for Excel窗口

步骤 15 在 Power Pivot for Excel 窗口中，单击"主页"选项卡中的"数据透视表"按钮，如图 3-46 所示。

步骤 16 打开"创建数据透视表"对话框，选中"新工作表"单选按钮，如图 3-47 所示。

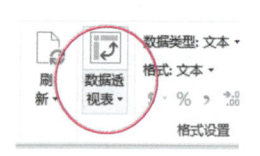

图3-46　单击"数据透视表"按钮 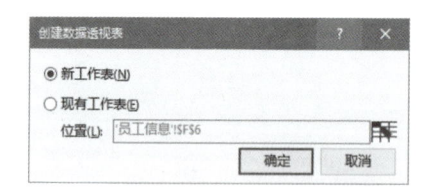　　　　图3-47　选择数据透视表的保存位置

步骤 17 单击"确定"按钮，就在一个新工作表上创建了 Power Pivot，如图 3-48 所示。

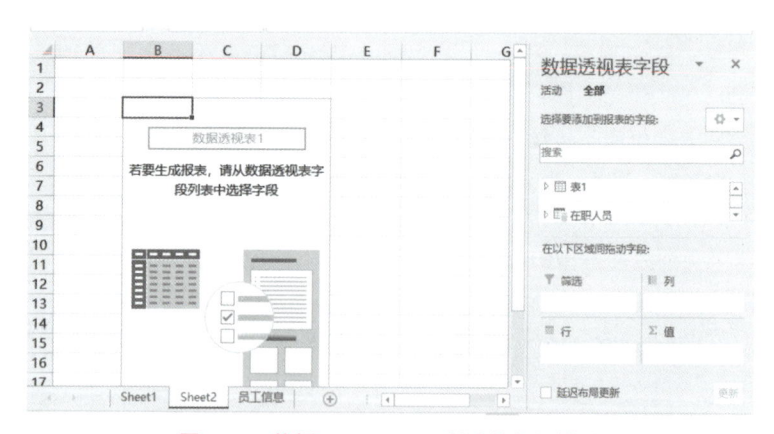

图3-48　依据Power Query创建的数据模型

步骤 18 布局透视表，即可得到需要的各种汇总分析报告。如图 3-49 所示是在职员工

中签订劳动合同的各个公司、各种学历的人数统计结果。

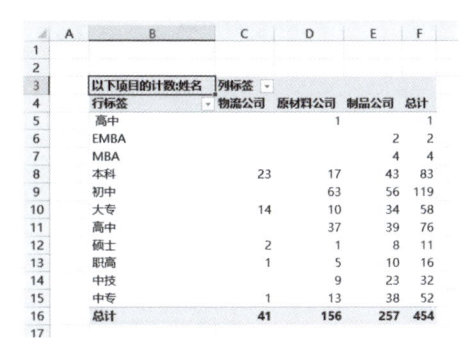

图3-49 统计结果

3.3 在不打开工作簿的情况下制作数据透视表

如果工作表数据量很大，已经占了计算机内存的几十兆或者上百兆了，再在这个工作簿上创建一个数据透视表的话，计算机速度就非常慢了。

在这种情况下，可以在不打开源数据工作簿的情况下，直接访问该工作簿，并以其数据制作数据透视表。这样做的好处是可以提升计算速度，并且实现数据透视表与源工作簿的动态链接，随时可以刷新报告，同时也可以只提取部分数据来制作数据透视表。

这样制作数据透视表的常用方法有现有连接、Microsoft Query 和 Power Pivot 3 种。

3.3.1 现有连接方法

现有连接方法操作起来比较简单，但要注意的是，只能以工作表中的所有数据来制作数据透视表，无法查询筛选再做透视表。

这种方法在 3.1.3 小节中已经介绍过了，此处不再赘述。

3.3.2 Microsoft Query 方法

Microsoft Query 方法在 3.2.1 小节中也介绍过了，操作步骤也是一样的，如果在"查询向导 - 筛选数据"对话框中不做任何筛选，就以工作表的全部数据制作数据透视表；如果在该对话框中筛选了数据，就以部分数据制作数据透视表，感兴趣的读者可以自行练习。

3.3.3 Power Pivot 方法

如果要使用 Power Pivot 方法，以工作表的全部数据制作数据透视表，就比较简单了，直接使用 Power Pivot 方法即可。具体操作步骤如下。

步骤01 在 Power Pivot 选项卡中单击"管理数据模型"按钮，打开 Power Pivot for Excel 窗口。在"主页"选项卡中单击"从其他源"按钮，如图 3-50 所示。

步骤02 打开"表导入向导"对话框，选择"Excel 文件"选项，如图 3-51 所示。

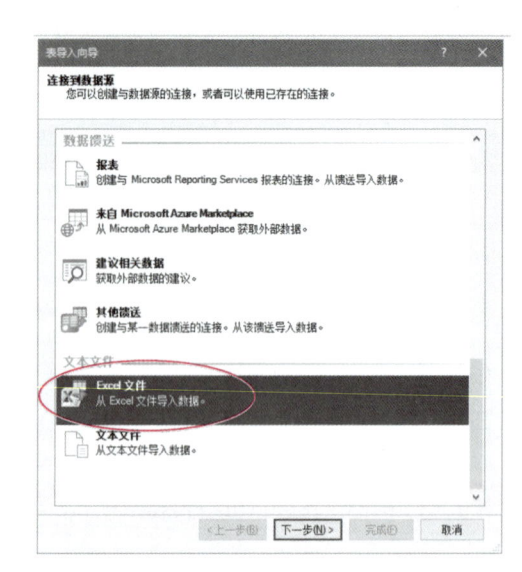

图3-50　单击"从其他源"按钮　　　　　图3-51　"表导入向导"对话框

步骤03 单击"下一步"按钮，进入到下一步，单击"浏览"按钮，从文件夹中选择工作簿，勾选"使用第一行作为列标题"复选框，如图3-52所示。

步骤04 单击"下一步"按钮，进入到下一步，选择要制作数据透视表的工作表，如图3-53所示。

图3-52　浏览选择工作簿　　　　　　　图3-53　选择工作表

步骤05 单击"完成"按钮，进入到下一步，保持默认，如图3-54所示。

步骤06 单击"关闭"按钮，返回到Power Pivot for Excel窗口，可以看到已将该工作表中的数据已全部加载，如图3-55所示。

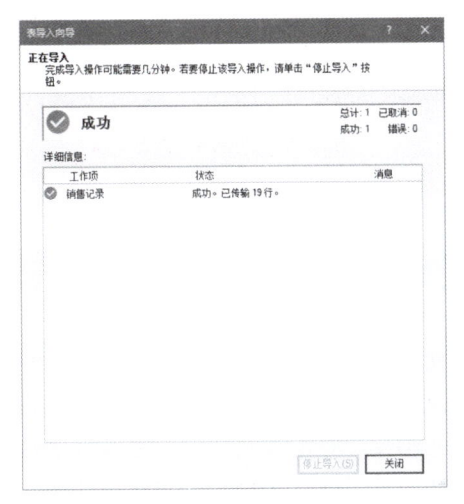

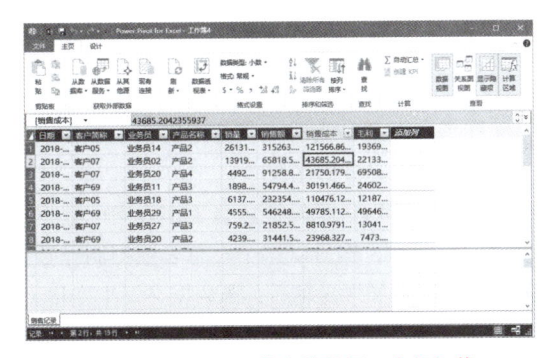

图3-54　保持默认　　　　　图3-55　其他工作簿中的数据已全部加载

Power Pivot for Excel 是一个单独的窗口，可以在这个窗口中对数据进行各种处理，如筛选、添加自定义列等。

步骤 07 在 Power Pivot for Excel 窗口中单击"主页"选项卡中的"数据透视表"按钮，就创建了基于其他工作簿数据的数据透视表，如图 3-56 所示。

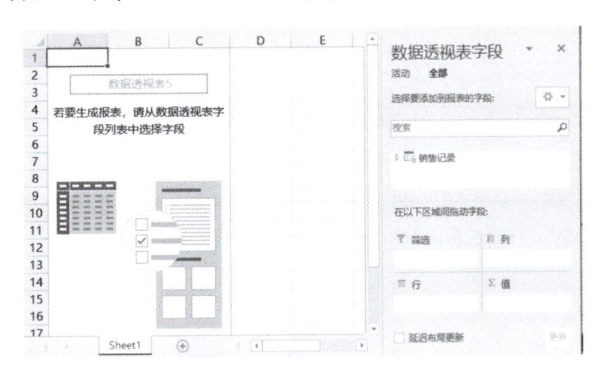

图3-56　直接使用Power Pivot创建基于其他工作簿数据的数据透视表

步骤 08 关闭 Power Pivot for Excel 窗口。

> **说明**
>
> 当源数据量不大，并且只有一个工作表时，Power Pivot 方法并不能称为一种好的方法，因为可以直接使用现有连接工具快速完成；但是，如果要汇总分析的是几个关联的工作表，并且数据量很大，Power Pivot 方法就非常有用了。

第 4 章
以多个一维表单制作数据透视表

如果数据源是当前工作簿中的多个工作表数据,那么如何以这些工作表数据创建数据透视表进行汇总分析呢?

很多人的做法是先把这些工作表中的数据手动复制粘贴到另一张工作表上,必要时手动添加辅助列,然后以这个汇总表数据制作数据透视表。这是一种非常笨拙的方法,如果复制错了呢?如果复制后,源数据又发生变化了呢?

在这种情况下,可以使用现有连接+SQL 语句和 Power Query+Power Pivot 这两种高效的方法。

4.1 以一个工作簿中的多个一维工作表制作数据透视表

首先介绍在一个工作簿中有多个工作表的汇总透视分析问题。

例如,在当前工作簿中保存了 12 个月的工资表、12 个月的考勤表、60 个店铺的销售数据等,这就是以当前工作簿中的多个一维工作表数据制作数据透视表。

4.1.1 现有连接+SQL 语句方法

实际工作中我们会收集到很多工作表,这些工作表都是保存在一个工作簿上的,并且结构完全相同,即列数、列次序完全一样,但是行数可以不同。此时,需要将这些工作表数据进行汇总透视分析,要如何解决呢?

◆ 案例4-1

图 4-1 所示为 6 个月的工资表,现在要求制作各个部门每个月的社保和个税汇总表。

	A	B	C	D	E	F	G	H	I	J	K	L	M
1	序号	部门名称	姓名	基本工资	绩效工资	工龄工资	应付工资	扣餐费	社保	公积金	其他扣款	个税	实发工资
2	1	总经办	A01	6,700.00		60.00	6,760.00		143.85	110.00		550.92	5,940.23
3	2	总经办	A02	1,938.46			1,938.46	50.00	184.13	127.00			1,562.33
4	3	总经办	A03	1,884.62	1,639.23	180.00	3,703.85		157.55	110.00		118.63	3,302.67
5	4	财务部	A04	4,749.23	1,885.94	60.00	6,675.50		184.13	127.00	505.00	529.65	5,314.71
6	5	财务部	A05	3,618.46	1,447.24	40.00	5,090.07		184.13	127.00		291.84	4,472.10
7	6	财务部	A41	4,523.08	1,763.82		6,286.90	18.00				518.04	5,735.87
8	7	财务部	A42	2,336.92	941.36		3,278.28	23.00	184.13		5.00	84.41	2,966.73
9	8	财务部	A07	1,884.62	751.08	40.00	2,668.12	24.00	157.55			26.06	2,445.51
10	9	财务部	A08	2,336.92	938.02		3,264.28	50.00	184.13	127.00		70.32	2,817.84
11	10	市场部	A09	4,749.23	1,906.29	60.00	6,695.16	30.00	143.85	490.00	500.00	484.25	5,032.12
12	11	市场部	A10	3,090.77	1,245.02	40.00	4,463.33		184.13	127.00		197.83	3,939.37
13	12	市场部	A11	2,487.69	987.87		3,464.24	22.00	184.13		5.00	103.01	3,135.10
14	13	市场部	A12	1,938.46			1,938.46	56.00	184.13	127.00			1,551.33

图 4-1 6 个月的工资表

步骤01 检查每个工作表是否标准、规范。

首先注意不要在每个工作表的空白区域随便输入数据。如果有,必须彻底删除,而不是仅仅清除单元格里的数据。

如果工作表底部有诸如"合计数"这样的数据，也要毫不犹豫地删除。

如果每个工作表中有大量的空单元格，一定要都填充为数字 0。例如，上面的工资表中就有大量的空单元格，必须要输入数字 0。如果不这样处理，在使用现有连接 +SQL 语句方法汇总时，可能会出现错误的结果。

为工作表中所有的空单元格填充数字 0 的快捷方法是使用查找替换工具，打开"查找和替换"对话框，在"查找内容"文本框中留空，在"替换为"文本框中输入数字 0，在"范围"下拉列表框中选择"工作簿"，并勾选"单元格匹配"复选框，如图 4-2 所示，单击"全部替换"按钮即可。

步骤 02 在"数据"选项卡中单击"现有连接"按钮，打开"现有连接"对话框，单击左下角的"浏览更多"按钮，如图 4-3 所示。

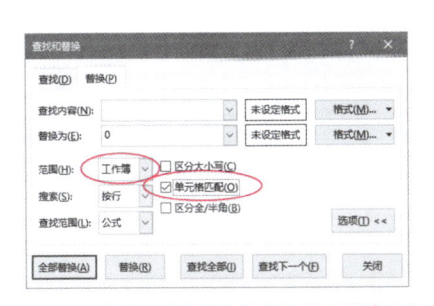

图 4-2 为当前工作簿所有的空单元格填充数字　　　　图 4-3 "现有连接"对话框

步骤 03 打开"选取数据源"对话框，从文件夹里选择本文件，如图 4-4 所示。

步骤 04 单击"打开"按钮，打开"选择表格"对话框，保持默认，如图 4-5 所示。

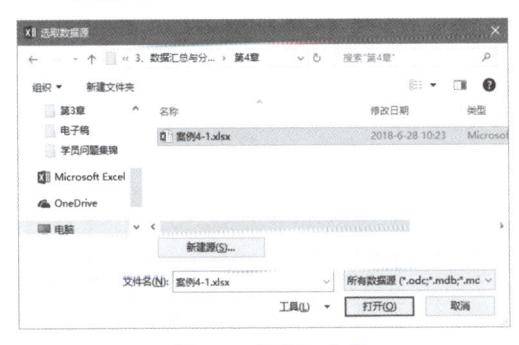

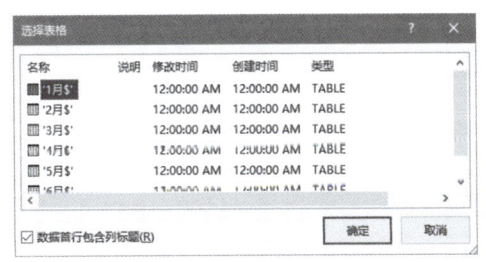

图 4-4 选择工作簿　　　　图 4-5 "选择表格"对话框

步骤 05 单击"确定"按钮，打开"导入数据"对话框，选中"表"和"新工作表"单选按钮，如图 4-6 所示。

步骤 06 单击"属性"按钮，打开"连接属性"对话框，切换到"定义"选项卡，然后在"命令文本"文本框中输入下面的 SQL 语句，如图 4-7 所示。

```
select '1月' as 月份,* from [1月$] union all
```

第 4 章　以多个一维表单制作数据透视表

41

```
select '2月' as 月份,* from [2月$] union all
select '3月' as 月份,* from [3月$] union all
select '4月' as 月份,* from [4月$] union all
select '5月' as 月份,* from [5月$] union all
select '6月' as 月份,* from [6月$]
```

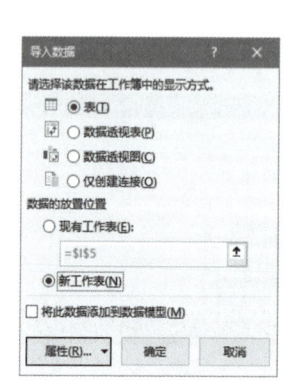

图4-6 "导入数据"对话框　　　　图4-7 "连接属性"对话框

由于每月工资表中没有月份字段，为了在透视表中能够区分每个数据的月份归属，SQL 语句中设计了一个字段"月份"，相当于在每个表中加了一个辅助列。

下面的语句就是加这个"辅助列"的。

'1月' as 月份

其中，"月份"是字段名称（相当于辅助列的标题），"1月"是该字段下的项目（相当于辅助列下各个单元格的数据），由于"1月"是文本，因此，需要用单引号括起来。

步骤07 单击"确定"按钮，返回到"导入数据"对话框，单击"确定"按钮，就在一个新工作表上创建了一个基于6个月工资表数据的数据透视表，如图 4-8 所示。

图4-8 基于6个月工资表数据的数据透视表

步骤 08 对透视表进行布局，就得到了要求的汇总报告，如图 4-9 所示。

图4-9　各部门每个月的社保和个税汇总表

4.1.2　SQL 基本知识简介

现有连接 +SQL 语句方法很简单，就是利用"现有连接"命令，按照向导操作，编写一段 SQL 语句就可以了。

要使用这种方法，需要先了解 SQL 语句的基本知识。SQL 的语法属于一种非程序性的语法描述，是专门针对关系型数据库处理所使用的语法。SQL 由若干的 SQL 语句组成，利用 SQL 语句可以很容易地对数据库进行编辑、查询等操作。

在众多的 SQL 语句中，SELECT 语句是使用最频繁的。SELECT 语句主要用于对数据库进行查询并返回符合用户查询标准的结果数据。

SELECT 语句有 5 个主要的子句，而 FROM 是唯一必需的子句。每个子句有大量的选择项和参数。

SELECT 语句的语法格式如下。

```
SELECT 字段列表
FROM 子句
[WHERE 子句]
[GROUP BY 子句]
[HAVING 子句]
[ORDER BY 子句]
```

SELECT 语句的主要部分是字段列表和 FROM 子句，下面对这两个组成部分进行简要的介绍。其他子句在制作透视表中基本不用，这里就不再具体说明了。

1. 字段列表

字段列表指定多个字段名称，每个字段之间用逗号","分隔，用星号"*"代替所有的字段。例如，"select *"就是选择数据表中所有的字段；"select 日期,产品,销售量,销售额"就是选择数据表中的日期、产品、销售量和销售额这 4 个字段。

还可以在字段列表中添加自定义字段。例如，"select '北京' as 城市,*"，就是除了查询数据表的所有字段外，还自定义了一个数据表中没有的字段"城市"，并将"北京"作为该字段的数据。由于北京是一个文本，因此需要用单引号括起来。

将某个数据保存在自定义字段的方法是利用 as 属性词，即"'北京' as 城市"。

2. FROM 子句

FROM 子句是一个必需子句，指定要查询的数据表，每个数据表之间用逗号","分隔。

但要注意，如果查询工作簿的工作表，那么必须用方括号"[ ]"将工作表名括起来，并且在工作表名后要有"＄"符号。

例如，"select * from [销售＄]"就是查询工作表"销售"中的所有字段。

如果为工作表的数据区域定义了一个名称，就在 FROM 后面直接写上定义的名称即可，但仍要用方括号括起来。

例如，"select * from [Data]"就是查询名称为"Data"代表数据区域的所有字段。

如果要查询的是 Access 数据库、SQL Server 数据库等关系型数据库的数据表，那么在 FROM 后面直接写上数据表名即可。

下面介绍多表查询。

在实际工作中，可能要查询工作簿里的多个工作表或者数据库里的多个数据表，这就是多表查询问题。多表查询有很多种方法，如利用 WHERE 子句设置多表之间的连接条件，利用 JOIN...ON 子句连接多个表，利用 UNION ALL 连接多个 SELECT 语句等。如果查询多个工作表或数据表的数据，并将这些表的数据生成一个记录集，那么可以利用 UNION ALL 将每个表的 SELECT 语句连接起来。

在进行 SQL 语句查询汇总多个工作表时，要特别注意以下两个问题。

（1）每个工作表内不能有空单元格，如果存在空单元格，那么对于数字字段要填充 0，对于文本字段要填充相应的文本。

（2）SQL 语句中字母不区分大小写，但所有标点符号必须是半角的，同时英文单词前后必须至少有一个空格。

4.1.3　Power Query+Power Pivot 方法

如果安装了 Excel 2016，那么可以先使用 Power Query 进行汇总分析，加载成数据模型，然后利用 Power Pivot 创建数据透视表，完全是可视化的操作向导。

尤其是需要汇总的工作表有数十个甚至上百个时，这种方法就非常有用了，此时 SQL 方法就显得不太方便了。

案例4-2

以案例 4-1 中的 6 个月工资表数据为例，使用 Power Query+Power Pivot 方法进行汇总分析的步骤如下。

步骤 01 删除工作簿中除这 6 个月工资表外的其他不相干的工作表。

步骤 02 在"数据"选项卡中单击"新建查询"下拉按钮，在弹出的下拉菜单中选择"从文件"→"从工作簿"命令，如图 4-10 所示。

步骤 03 打开"导入数据"对话框，从文件夹中选择文件，如图 4-11 所示。

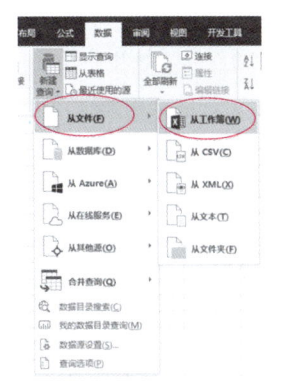

图4-10 选择"从工作簿"命令　　　　图4-11 选择源工作簿文件

步骤 04 单击"导入"按钮，打开"导航器"对话框，注意要选择列表最顶部的"案例4-2.xlsx[6]"，这里方括号中的6就表示本工作簿的6个工作表，如图4-12所示。

> **注意**
> 不能选择某个工作表，因为每次只能查询一个工作表。

步骤 05 单击此对话框右下角的"编辑"按钮，打开"案例 4-2.xlsx - 查询编辑器"窗口，如图 4-13 所示。

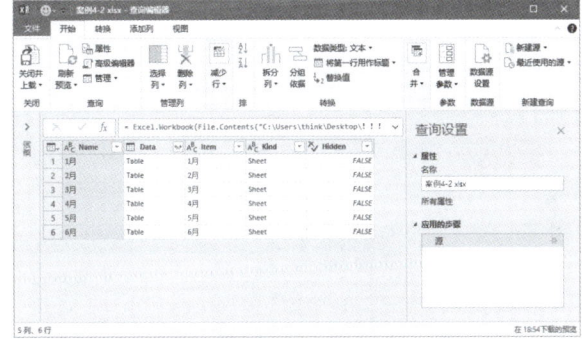

图4-12 "导航器"对话框　　　　图4-13 "案例4-2.xlsx-查询编辑器"窗口

步骤 06 保留前两列，删除其他的几列，如图 4-14 所示。

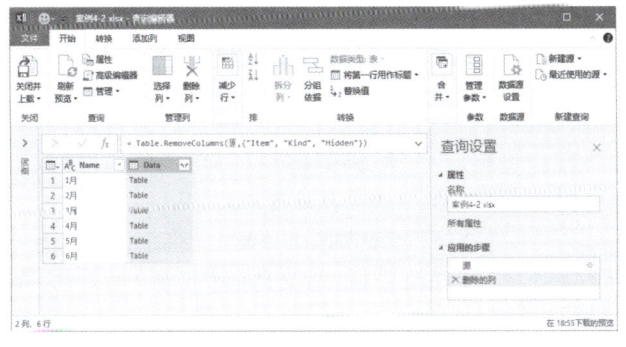

图4-14　保留前两列，删除其他的几列

步骤 07 单击 Data 字段右上角的按钮，展开一个列表，如图 4-15 所示。取消勾选"使用原始列名作为前缀"复选框，再单击"加载更多"标签，显示所有字段，如图 4-16 所示。

图4-15　展开字段列表

图4-16　显示所有字段

步骤 08 单击"确定"按钮，如图 4-17 所示。

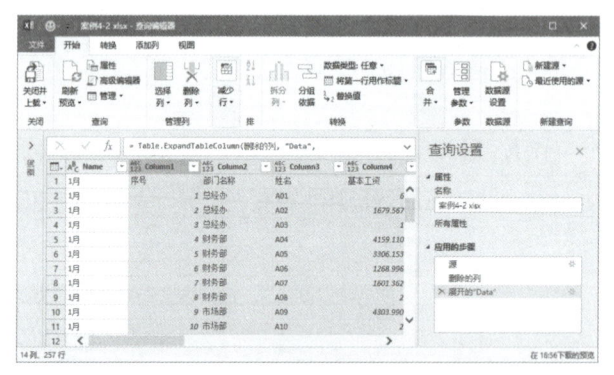

图4-17　展开所有字段后的查询结果

步骤 09 单击 将第一行用作标题 按钮，将第一行用作标题，就得到图 4-18 所示的查询结果。

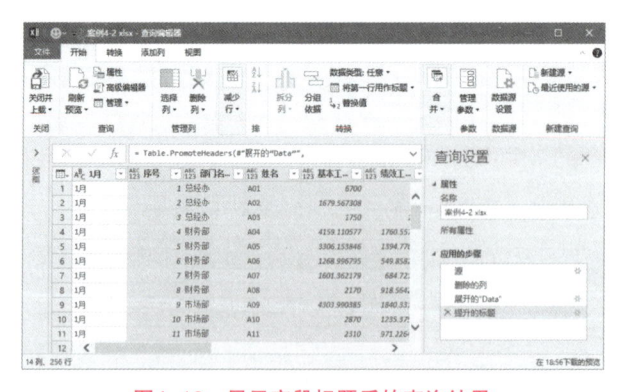

图4-18　显示字段标题后的查询结果

步骤 10 将第一列的默认名称"1月"修改为"月份"。

步骤 11 将第二列的序号删除，该数据毫无用处。

步骤 12 这种合并汇总相当于把 6 个工作表的所有数据（包括第一行的标题）都复制粘贴到了一个工作表上，也就得到了 6 行的表格标题。现在把第一个表的第一行的数据作为标题，那么还剩下 5 行的表格标题是不需要的，可以筛选掉。

例如，取消勾选"部门名称"复选框，筛选掉"部门名称"，如图4-19所示。

步骤 13 选择所有的数字列（工资的各个金额列），将数据类型设置为"小数"，如图4-20所示。

图4-19　筛选掉多余的标题行

图4-20　将所有工资金额项目的数据类型设置为"小数"

这样，就得到了图4-21所示的查询结果。

步骤 14 在"文件"选项卡中单击"关闭并上载至"下拉按钮，在弹出的下拉菜单中选择"关闭并上载"命令，在弹出的"加载到"对话框中选中"仅创建连接"单选按钮，勾选"将此数据添加到数据模型"复选框，将6个工作表数据的查询结果保存为连接并加载为数据模型，如图4-22所示。

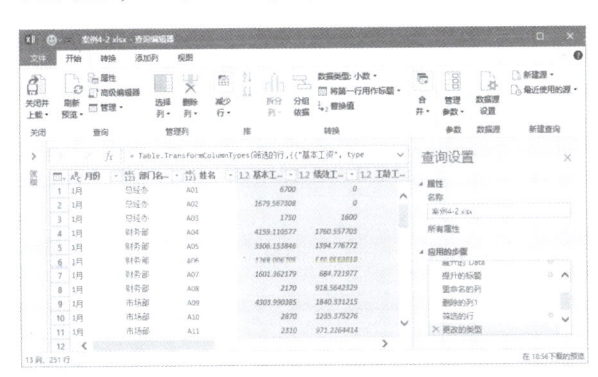

图4-21　数据处理完毕后的查询表

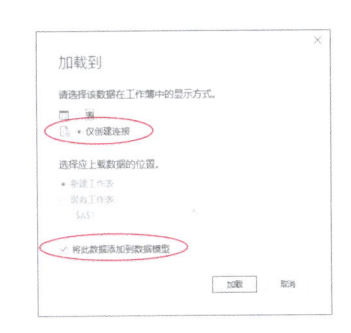

图4-22　将6个工作表数据的查询汇总结果保存为连接并加载为数据模型

步骤 15 有了这个查询数据模型，就可以使用 Power Pivot 创建数据透视表了。如图4-23所示6个月社保的汇总结果。

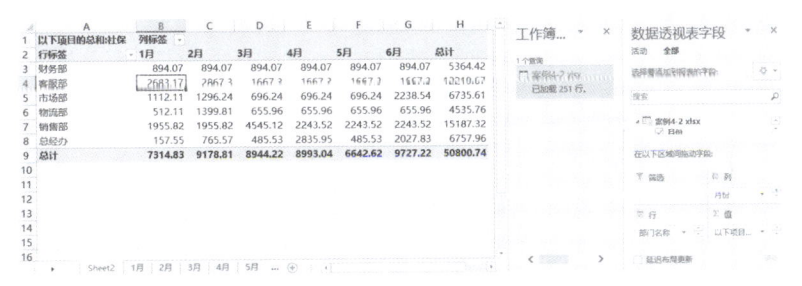

图4-23　6个月社保的汇总结果

4.1.4 仅抽取每个表都有的几列数据制作透视表

如果每个工作表的列结构不同,但又有几列是共同存在的,现在要把这几列数据从各个工作表中抽取出来制作数据透视表,那么最好的方法是使用现有连接+SQL 语句了。

这种情况下就不能使用"*"星号来代替表格的所有字段,而是要写出具体的字段名称列表,用逗号隔开,下面举例说明。

以上面的数据为例,从每个工作表中把部门名称、姓名、社保、个税、实发工资这几列的数据提取出来做透视表,那么 SQL 语句如下所示。

```
select '1月' as 月份,部门名称,姓名,社保,个税,实发工资 from[1月$]union all
select '2月' as 月份,部门名称,姓名,社保,个税,实发工资 from[2月$]union all
select '3月' as 月份,部门名称,姓名,社保,个税,实发工资 from[3月$]union all
select '4月' as 月份,部门名称,姓名,社保,个税,实发工资 from[4月$]union all
select '5月' as 月份,部门名称,姓名,社保,个税,实发工资 from[5月$]union all
select '6月' as 月份,部门名称,姓名,社保,个税,实发工资 from[6月$]
```

4.2 以多个工作簿中的多个一维工作表制作数据透视表

如果收到的是 N 个工作簿都保存到了一个文件夹,每个工作簿中有 M 个工作表,现在的任务是把这 N×M 个工作表数据进行透视分析,有没有什么好方法呢?答案是有的。

如果是 Excel 2016 之前的版本,需要编写 VBA 代码,先进行汇总,再创建数据透视表,比较麻烦。

如果是 Excel 2016 之后的版本,就十分简单了,只需几分钟就可以将数十个甚至数百个分散在各个工作簿中的工作表数据进行汇总透视分析,用到的工具仍然是 Power Query+Power Pivot。

当然,不论使用哪种方法进行汇总分析,最基本的前提条件是这些工作表数据必须标准化、规范化,表格的列结构必须一样。

4.2.1 VBA 方法

案例4-3

图 4-24 所示为要汇总的 5 个分公司的工作簿。其中,每个工作簿有 12 个月的工资表;在汇总的结果中要体现每行数据是哪个分公司的,即要有一列数据说明分公司的归属。

分公司A工资表.xlsx
分公司B工资表.xlsx
分公司C工资表.xlsx
分公司D工资表.xlsx
分公司E工资表.xlsx

图4-24 要汇总的5个分公司的工作簿

下面是针对此案例的程序代码,详细情况请打开文件,运行代码来学习。

```vb
Sub 汇总工资表()
    Dim wb As Workbook
    Dim ws0 As Worksheet
    Dim ws As Worksheet
    Dim myArray As Variant
    Dim k As Integer, n As Integer
    Dim j As Integer
    Set ws0 = ThisWorkbook.Worksheets("汇总")
    ws0.Range("A2:Z1000000").ClearContents
    myArray = Array("分公司A工资表", "分公司B工资表", "分公司C工资表", "分公司D工资表", "分公司E工资表")
    For i = 0 To 4
        Set wb = Workbooks.Open(Filename:=ThisWorkbook.Path & "\" & myArray(i))
        For j = 1 To 12
            k = ws0.Range("A100000").End(xlUp).Row + 1
            Set ws = wb.Worksheets(j & "月")
            n = ws.Range("A65536").End(xlUp).Row
            ws.Range("A2:U" & n).Copy Destination:=ws0.Range("C" & k)
            ws0.Range("A" & k & ":A" & k + n - 2) = j & "月"
            ws0.Range("B" & k & ":B" & k + n - 2) = Left(myArray(i), Len(myArray(i)) - 3)
        Next j
        wb.Close savechanges:=False
    Next i
    With ws0.UsedRange
        .Font.Size = 10
        .Font.Name = "微软雅黑"
        .Columns.AutoFit
    End With
    MsgBox "祝贺您!汇总分析完毕!", vbOKOnly + vbInformation, "汇总"
End Sub
```

图4-25所示为5个分公司共60个工作表数据的汇总表。

图4-25 5个分公司共60个工作表数据的汇总表

有了这个汇总表,就可以以此数据创建普通数据透视表了。如图4-26所示就是一个示例。

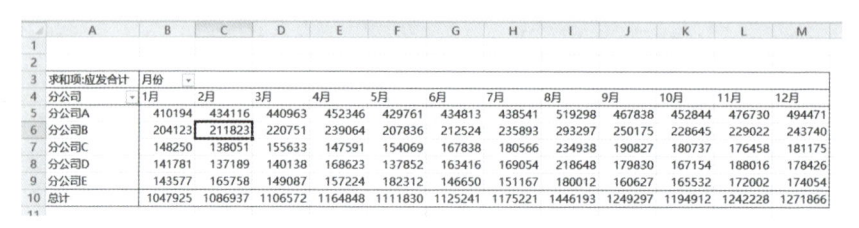

图4-26 依据汇总数据制作的数据透视表

也可以对数据透视表的创建过程录制一个宏,然后对宏代码进行编辑加工,使之成为一个可以调用的通用子程序,这样就可以实现汇总和创建数据透视表的完全自动化。

4.2.2 Power Query 方法

如果对 VBA 代码不熟练,可以借助 Excel 2016 的 Power Query 工具来快速汇总并加载为数据模型,然后使用 Power Pivot 制作数据透视表。

扫码看视频

案例4-4

图4-27所示为要汇总的4个工作簿文件,分别是每个分公司12个月的工资数据,如图4-28所示。具体操作步骤如下。

图4-27 要汇总的4个工作簿文件

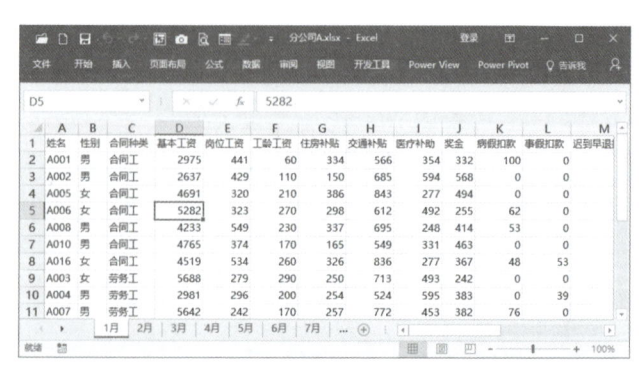

图4-28 某个分公司工作簿的工作表数据

步骤 01　将要合并的源工作簿保存到一个文件夹里，这个文件夹里不能有其他的文件，这里保存在文件夹"案例4-4 源文件"中。

步骤 02　新建一个工作簿。

步骤 03　在"数据"选项卡中单击"新建查询"下拉按钮，在弹出的下拉菜单中选择"从文件"→"从文件夹"命令（如图4-29所示），打开"文件夹"对话框，如图4-30所示。

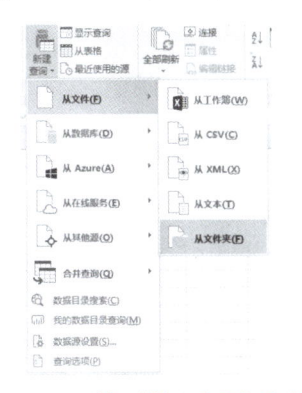

图4-29　选择"从文件夹"命令　　　　图4-30　"文件夹"对话框

步骤 04　单击"浏览"按钮，打开"浏览文件夹"对话框，然后选择保存要汇总工作簿的文件夹，如图4-31所示。

步骤 05　单击"确定"按钮，返回到"文件夹"对话框，如图4-32所示。

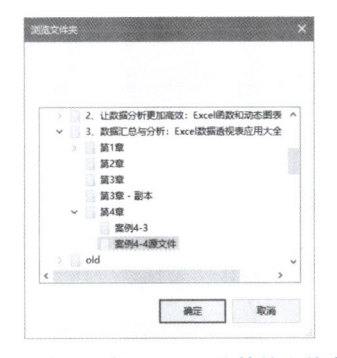

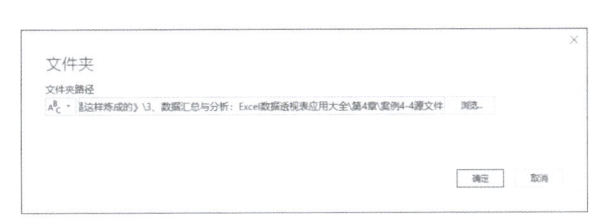

图4-31　选择保存要汇总工作簿的文件夹　　　　图4-32　选择了保存要汇总工作簿的文件夹

步骤 06　单击"确定"按钮，打开图4-33所示的对话框，从中可以看到要合并的几个工作簿文件。

图4-33　显示要汇总的几个工作簿文件

步骤 07　单击"编辑"按钮，打开"案例4-4源文件 - 查询编辑器"窗口，如图4-34所示。

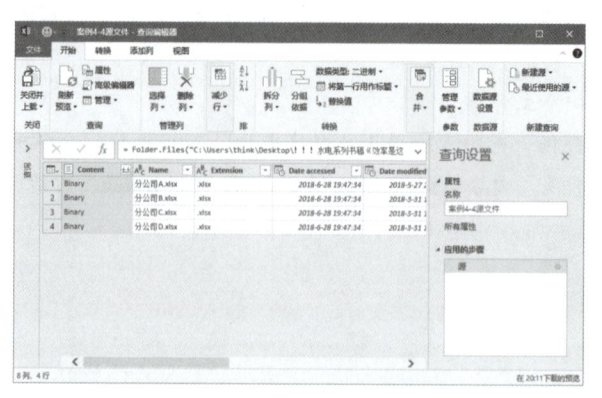

图4-34 "案例4-4源文件-查询编辑器"窗口

步骤08 保留Content和Name两列，其他列全部删除，就得到图4-35所示的结果。

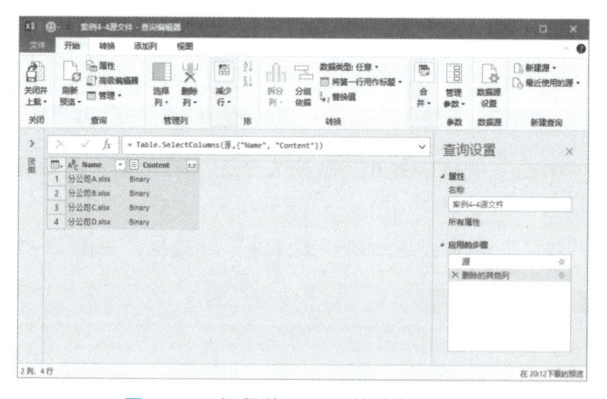

图4-35 保留前两列，其他各列删除

步骤09 在"添加列"选项卡中单击"自定义列"按钮，如图4-36所示。

步骤10 在打开的"添加自定义列"对话框中，从"可用列"列表框中选择Content选项，单击"<<插入"按钮，就在左侧的"自定义列公式"列表框中自动填入了一个公式"=[Content]"，如图4-37所示。

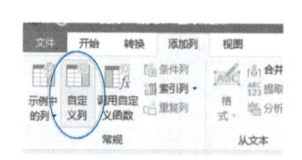

图4-36 单击"自定义列"按钮

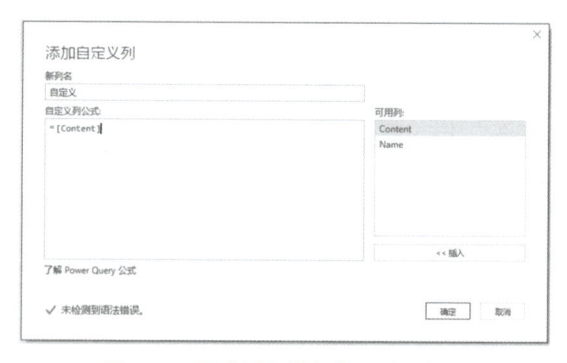

图4-37 自动插入的自定义列公式

步骤11 将自定义列公式修改为"=Excel.Workbook([Content])"，注意要区分字母的大小写，如图4-38所示。

图4-38 修改自定义列公式

步骤12 单击"确定"按钮,返回到"案例4-4源文件-查询编辑器"窗口,可以看到在查询结果的右侧增加了一列"自定义",要汇总的工作簿数据都在这个自定义列中,如图4-39所示。

步骤13 单击第3列"自定义"右侧的按钮,展开一个列表,单击右下角的蓝色标签"加载更多",然后勾选Name和Data复选框,取消勾选其他所有的复选框,如图4-40所示。

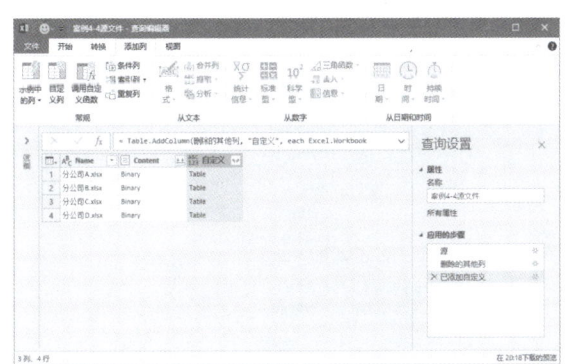

图4-39 添加了自定义列　　　　图4-40 勾选Name和Data复选框

步骤14 单击"确定"按钮,返回到"案例4-4源文件-查询编辑器"窗口,如图4-41所示。

步骤15 单击第4列Data右侧的按钮,展开一个列表,单击右下角的蓝色标签"加载更多",如图4-42所示。结果如图4-43所示。

步骤16 单击"确定"按钮,就得到图4-44所示的结果。

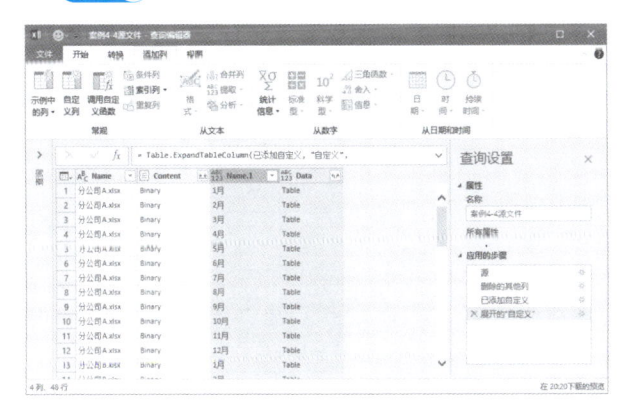

图4-41 自定义列后的查询结果　　　　图4-42 展开Data列表

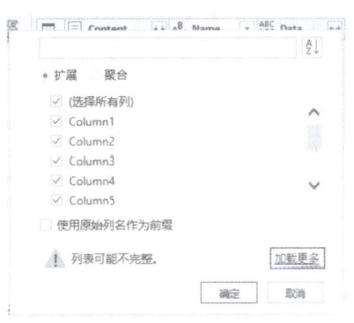

53

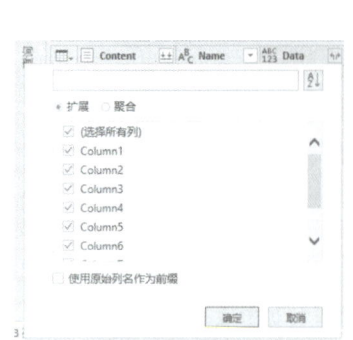

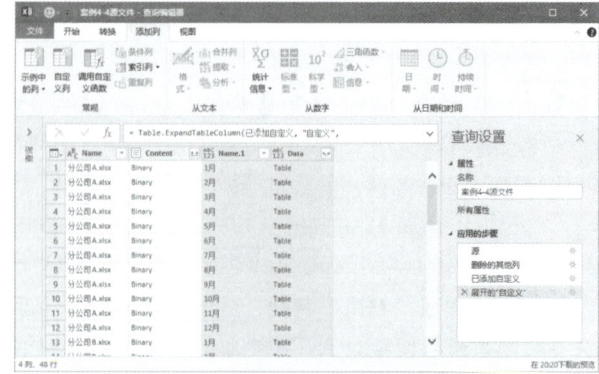

图4-43 单击"加载更多"后的结果　　　图4-44 几个工作簿合并后的查询结果

下面继续对这份汇总数据进行整理和加工。

步骤 17 把 Content 列删除，然后单击 Data 右侧的按钮，展开查询表的各列数据，如图4-45所示。

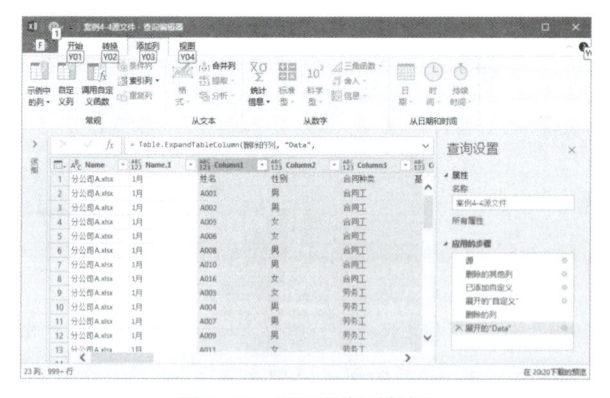

图4-45 展开所有列数据

步骤 18 此时查询表格的标题是 Column1、Column2、Column3、…之类的，在"开始"选项卡中单击"将第一行用作标题"按钮，查询表就变为图4-46所示的情形。

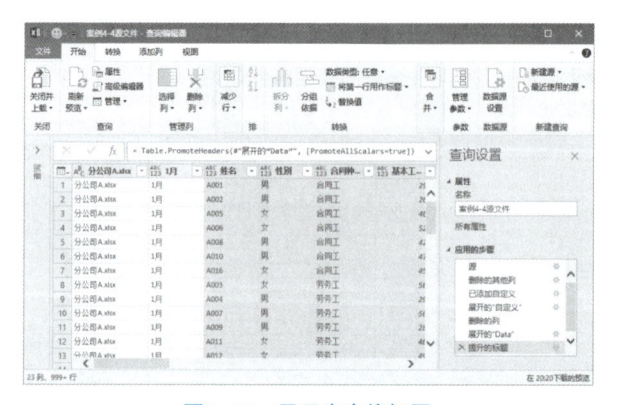

图4-46 显示出表格标题

步骤19 把其他多余的标题筛选掉（因为每个表格都有一个标题行，48个表格就有48个标题行，现在已经使用一个标题行作为标题了，剩下的47行标题是没用的），这样就得到图4-47所示的筛选后的数据表。

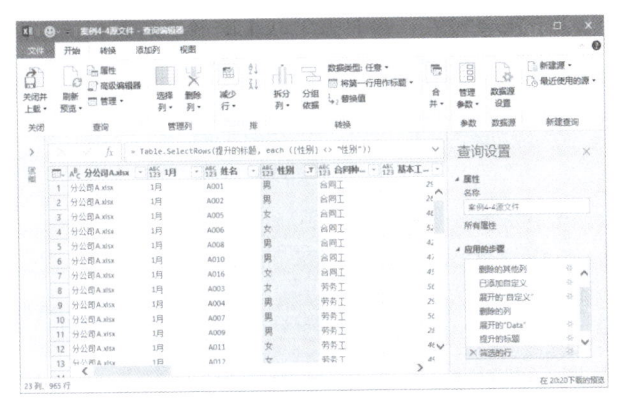

图4-47 筛选后的数据表

步骤20 将第一列标题重命名为"分公司"，将第二列标题重命名为"月份"。

步骤21 再选中第一列，在"转换"选项卡中单击"提取"下拉按钮，在弹出的下拉菜单中选择"分隔符之前的文本"命令，如图4-48所示。

步骤22 打开"分隔符之前的文本"对话框，在"分隔符"文本框中输入句点"."，如图4-49所示。

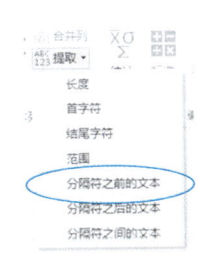

图4-48 选择"分隔符之前的文本"命令　　图4-49 准备将A列的分公司名称提取出来

步骤23 单击"确定"按钮，即在第一列得到各个分公司的名称，如图4-50所示。

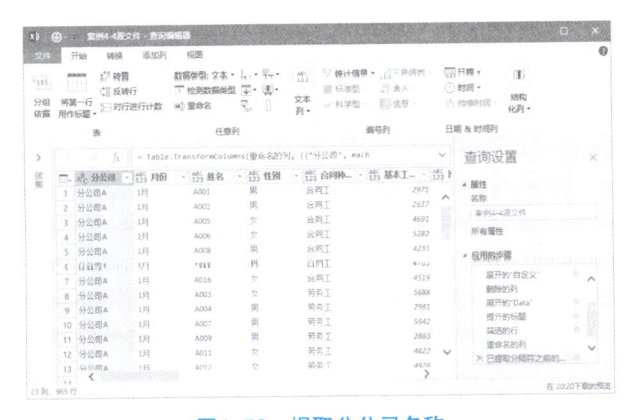

图4-50 提取分公司名称

步骤 24 将所有工资金额列的数据类型设置为小数。

步骤 25 单击"关闭并上载至"按钮，将汇总结果保存为连接和数据模型。

步骤 26 使用 Power Pivot 创建数据透视表。

图 4-51 所示为各个分公司的工资汇总表。

	A	B	C	D	E	F	G	H	I	J	K	L	M	N
1	以下项目的总和	列标签												
2	行标签	1月	2月	3月	4月	5月	6月	7月	8月	9月	10月	11月	12月	总计
3	⊟分公司A	102414	106274	116322	116906	101789	104793	107459	115345	147352	120492	119933	126212	1385291
4	合同工	45159	47725	50894	51895	43511	48939	43705	47665	67177	58598	59729	68258	633255
5	劳务工	57255	58549	65428	65011	58278	55854	63754	67680	80175	61894	60204	57954	752036
6	⊟分公司B	126055	132054	119101	128333	121608	135788	118834	118341	110607	113492	109915	108194	1442322
7	合同工	58734	63416	55983	57009	60771	67252	57123	53712	52030	48969	52187	53211	680397
8	劳务工	67321	68638	63118	71324	60837	68536	61711	64629	58577	64523	57728	54983	761925
9	⊟分公司C	100189	108100	108639	109700	110696	111969	107937	112198	108392	100869	93526	99860	1272075
10	合同工	57124	59080	61024	56221	60789	63659	60531	61069	61474	50830	44329	47775	683905
11	劳务工	43065	49020	47615	53479	49907	48310	47406	51129	46918	50039	49197	52085	588170
12	⊟分公司D	218952	210609	201662	211507	216524	203318	209035	197319	206841	180924	171079	191708	2419478
13	合同工	121544	109183	115826	116756	120717	109441	117258	107286	114908	100037	89935	103366	1326257
14	劳务工	97408	101426	85836	94751	95807	93877	91777	90033	91933	80887	81144	88342	1093221
15	总计	547610	557037	545724	566446	550617	555868	543265	543203	573192	515777	494453	525974	6519166

图4-51 各个分公司的工资汇总表

从上面的操作可以看出，以 N 个工作簿数据创建数据透视表的核心是先使用 Power Query 对这些工作簿数据进行汇总，然后才使用 Power Pivot 创建数据透视表。这个操作过程不算复杂，只要熟练了就能够灵活运用。

> **说明**
>
> 其中有两个要点。
> - 要汇总的工作簿一定要保存在同一个文件夹中，该文件夹中不能有其他文件。
> - 要插入自定义列，自定义列的公式是 =Excel.Workbook([Content])，这个公式的字母是区分大小写的，也就是每个英文单词的第一个字母必须大写。

第 5 章
以二维表格制作数据透视表

所谓二维表格,就是工作表数据区域只有一列标题、一行标题,从第 2 列、第 2 行开始就是要汇总计算的数字,其结构就是常见的汇总表结构。

对这样的二维表格进行数据汇总和分析时,如果不允许先把这样的二维表格转换成一维表格(实际上,如果有大量这样结构的表格,转换起来也很麻烦),可以使用下面两种方法来快速进行透视分析。

◎ 多重合并计算数据区域透视表
◎ Power Query+Power Pivot

5.1 以一个二维表格数据制作数据透视表

如果仅仅是一个二维表格,要对这个表格的两个变量进行分析,此时不必先转换为一维表格再做透视表,可以直接使用多重合并计算数据区域透视表进行透视分析。

案例5-1

图 5-1 所示为各月费用汇总表,现在要求制作以下分析报告。
(1)指定费用在每个月的变化情况。
(2)指定月份下各项费用的占比。
(3)指定月份下各项费用累计数的占比。

	A	B	C	D	E	F	G	H	I	J	K	L	M
1	费用	1月	2月	3月	4月	5月	6月	7月	8月	9月	10月	11月	12月
2	办公费	218.71	220.93	245.77	235.51	367.87	231.80	300.78	105.50	191.81	119.69	339.34	169.79
3	差旅费	4,069.60	4,864.36	1,659.62	2,334.94	5,500.84	2,868.61	5,390.03	1,703.38	2,125.76	3,733.79	2,450.80	3,608.92
4	招待费	563.59	835.00	258.66	908.61	166.10	220.66	748.19	742.96	194.72	506.94	995.06	908.14
5	租金	3,552.73	2,892.98	3,983.76	3,328.10	2,930.39	2,654.50	3,130.24	2,870.97	3,252.11	2,479.90	3,194.94	2,581.35
6	维修费	121.55	154.55	90.36	173.44	96.28	128.93	164.83	173.68	177.46	180.71	62.59	143.80
7	折旧	770.42	581.88	525.32	615.27	687.84	512.07	592.25	527.46	695.56	779.13	536.23	684.34
8	职工薪酬	39,083.25	126,705.34	35,476.48	52,026.83	72,087.79	93,482.34	62,855.40	127,622.32	56,848.92	54,643.76	82,704.87	71,541.38
9													

图5-1 各月费用汇总表

步骤01 按 Alt+D+P 组合键,打开"数据透视表和数据透视图向导 – 步骤 1(共 3 步)"对话框,选中"多重合并计算数据区域"单选按钮,如图 5-2 所示。

步骤02 单击"下一步"按钮,打开"数据透视表和数据透视图向导 – 步骤 2a(共 3 步)"对话框,保持默认,如图 5-3 所示。

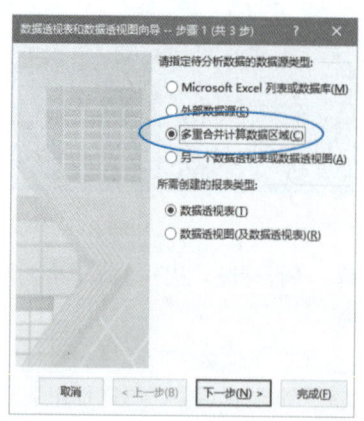

图5-2 选中"多重合并计算数据区域"单选按钮　　图5-3 保持默认设置

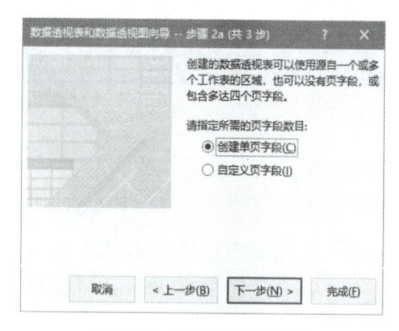

步骤03 单击"下一步"按钮，打开"数据透视表和数据透视图向导－第2b步，共3步"对话框，选择添加数据区域，如图5-4所示。

步骤04 单击"下一步"按钮，打开"数据透视表和数据透视图向导－步骤3（共3步）"对话框，选中"新工作表"单选按钮，如图5-5所示。

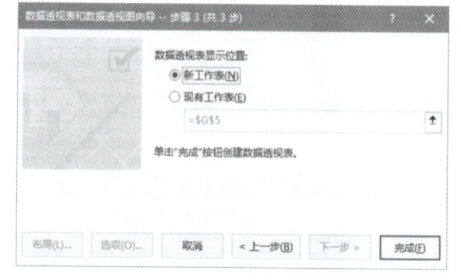

图5-4 选择添加数据区域　　图5-5 选中"新工作表"单选按钮

步骤05 单击"完成"按钮，就得到了一个数据透视表，如图5-6所示。

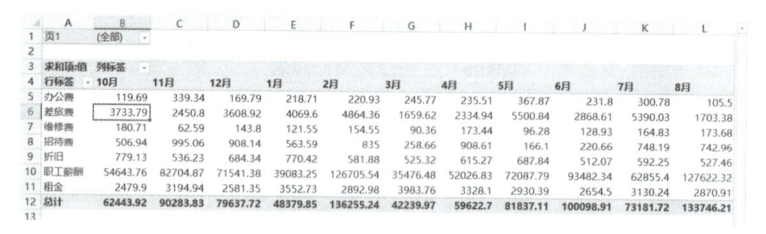

图5-6 得到的数据透视表

此时，一个很普通的二维表格变成了一个数据透视表，现在就可以使用透视表的相关技能对费用进行分析了。

如图5-7所示是一个使用切片器控制数据透视表和数据透视图，分析指定费用在每个月的变化情况的数据汇总表。

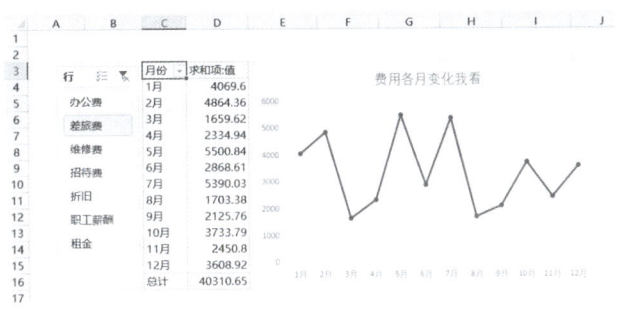

图5-7　分析指定费用在每个月的变化情况

5.2 以多个二维表格数据制作数据透视表

如果有多个二维表格要透视分析，仍然可以使用多重合并计算数据区域透视表。但要注意的是，必须设置页字段的数目及页字段项目，以便区分这些表格。

5.2.1 创建单页字段的数据透视表

案例5-2

图5-8所示为各个部门的费用数据表，每个部门一个工作表。现在要将这几个部门的数据汇总到一起，并进一步分析各个部门每个月的各项费用情况。

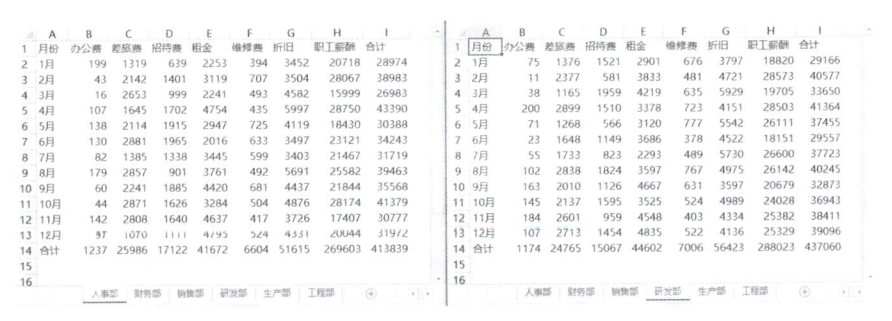

图5-8　各个部门的费用数据表

在将这几个工作表进行汇总之前，要先搞清楚这些数据的几个维度。

（1）工作表之间是部门维度，体现在工作表及名称上。

（2）工作表内部各列各行数据是费用和月份，体现在行标题和列标题上。

因此，工作表内部的行和列是数据透视表的行标签和列标签；而工作表之间的部门需要体现在页字段（筛选字段）上，而这个字段需要通过数据透视表体现出来。

下面是基于多个二维表格创建数据透视表的主要步骤。

步骤01　在某个工作表中按 Alt+D+P 组合键，打开"数据透视表和数据透视图向导 – 步骤1（共3步）"对话框，选中"多重合并计算数据区域"单选按钮，如图5-9所示。

步骤02　单击"下一步"按钮，打开"数据透视表和数据透视图向导 – 步骤2a（共3步）"，保持默认，如图5-10所示。

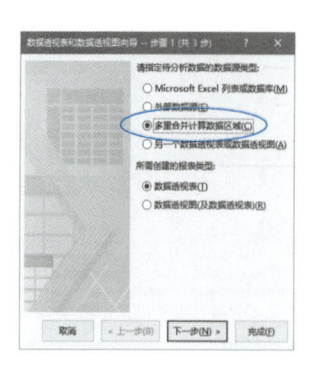

图5-9 选中"多重合并计算数据区域"单选按钮

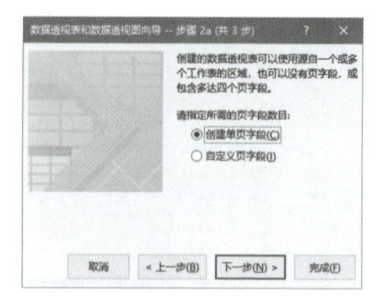

图5-10 "数据透视表和数据透视图向导-步骤2a（共3步）"对话框

步骤03 单击"下一步"按钮，打开"数据透视表和数据透视图向导－第2b步，共3步"对话框，将每个工作表的数据区域添加进来，如图5-11所示。

图5-11 "数据透视表和数据透视图向导-第2b步，共3步"对话框

> **注意**
>
> 一定要记住图5-11所示的对话框中添加区域后每个工作表的先后顺序，它们都自动按照拼音排好了序，这个顺序非常重要，关系到后面如何修改默认项目的名称。
>
> "财务部"工作表是第1个，"工程部"工作表是第2个，"人事部"工作表是第3个，"生产部"工作表是第4个，"销售部"工作表是第5个，"研发部"工作表是第6个。

步骤04 单击"下一步"按钮，打开"数据透视表和数据透视图向导－步骤3（共3步）"，选中"新工作表"单选按钮，如图5-12所示。

步骤05 单击"完成"按钮，就得到了基本透视表，如图5-13所示。

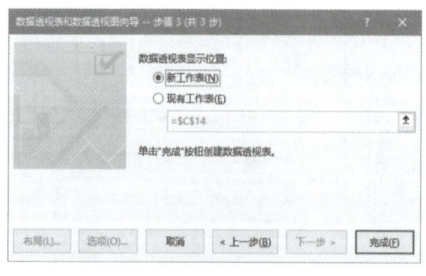

图5-12 选中"新工作表"单选按钮

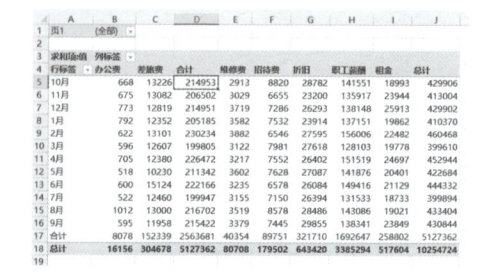

图5-13 得到的基本透视表

步骤 06 对基本透视表进行美化，如清除透视表的样式，设置报表布局、修改字段名称、调整字段项目的行位置和列位置、取消行总计和列总计，即可得到图5-14所示的报表。

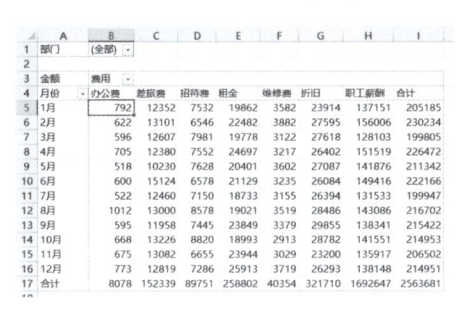

图5-14 美化后的透视表

> **注意**
>
> 此时字段"部门"下的每个项目名称并不是具体的部门名称，而是"项1""项2""项3""项4""项5""项6"这样的默认名称，如图5-15所示。

那么"项1"是哪个部门？ "项2"是哪个部门？ "项3"是哪个部门？……

在前面已经提示过了，在"数据透视表和数据透视图向导 - 第2b步，共3步"对话框中，添加完数据区域后，每个工作表自动按照拼音做了排序，而透视表就按照这个顺序（如图5-16所示），把每个工作表区域的名称设置为默认名称"项1""项2""项3"……

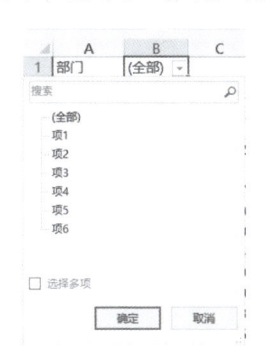

图5-15 "部门"字段下的项目默认名称　　图5-16 第2b步中添加的每个工作表次序

因此，默认项目名称与工作表部门名称的对应关系如下。

- 项1——财务部。
- 项2——工程部。
- 项3——人事部。
- 项4——生产部。
- 项5——销售部。
- 项6——研发部。

现在需要把默认的名称修改为具体的部门名称。

步骤 07 将字段"部门"拖到行标签，字段"月份"拖到筛选，如图5-17所示，然后在单元格中直接修改部门名称即可。

修改部门名称后的透视表如图 5-18 所示。

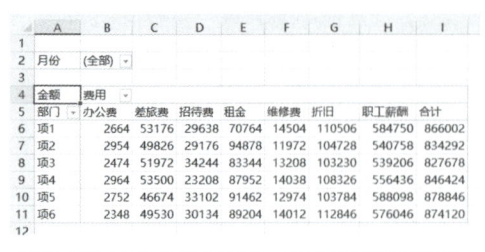

图5-17 重新布局透视表，把字段"部门"拖到行标签

图5-18 修改部门名称后的透视表

有了这个报表，可以任意拖放字段进行各种组合计算，得到需要的分析报告。图 5-19 所示就是为预算提供参考数据的一种合并报表。

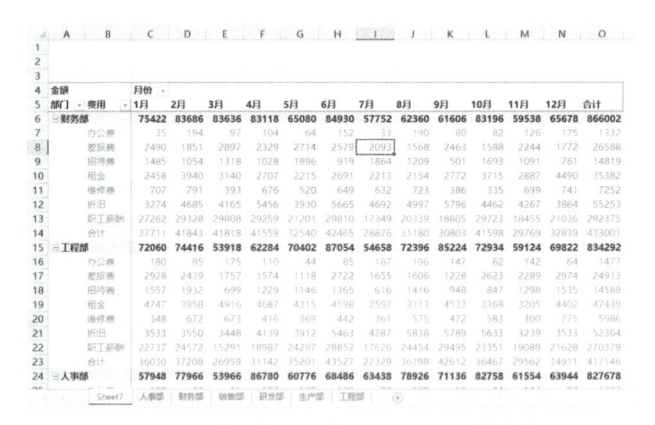

图5-19 按照部门、费用和月份汇总的报表

5.2.2 创建多页字段的数据透视表

案例5-3

图 5-20 所示是两个工作表，分别统计了两年的数据；每个工作表内有 12 个数据区域，分别是 12 个月的数据。现在的任务是分析每个部门、每项费用的两年同比情况。

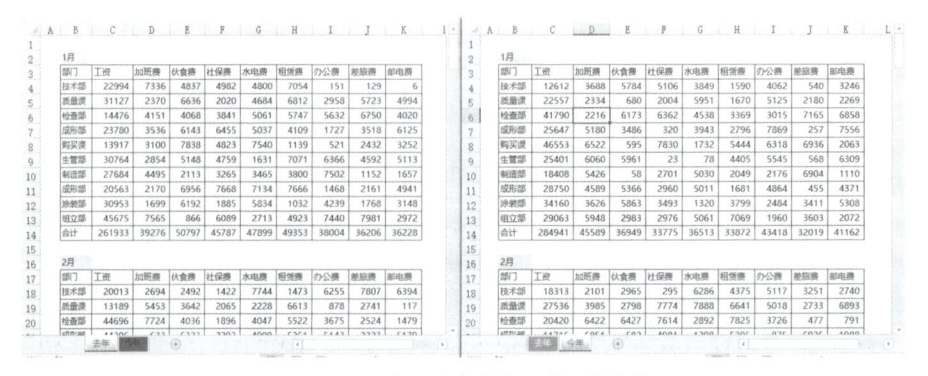

图5-20 两个工作表内共24个二维表格

通过简单的分析得出如下几点。

（1）两个工作表的逻辑关系是年，因此必须做一个字段来表示两个工作表。

（2）每个工作表内的 12 个小表是月，也必须做一个字段来表示月份。

（3）每个月的小表里是部门和费用，是行标题和列标题，数据透视表本身就有。

这样，就需要在制作数据透视表时做出两个页字段来，这就是创建多页字段的多重合并计算数据区域透视表。

下面是详细步骤。

步骤01 在某个工作表中，按 Alt+D+P 组合键，打开"数据透视表和数据透视图向导－步骤1（共3步）"对话框，选中"多重合并计算数据区域"单选按钮。

步骤02 单击"下一步"按钮，打开"数据透视表和数据透视图向导－步骤2a（共3步）"对话框，选中"自定义页字段"单选按钮，如图 5-21 所示。

步骤03 单击"下一步"按钮，打开"数据透视表和数据透视图向导－第2b步，共3步"对话框，如图 5-22 所示。

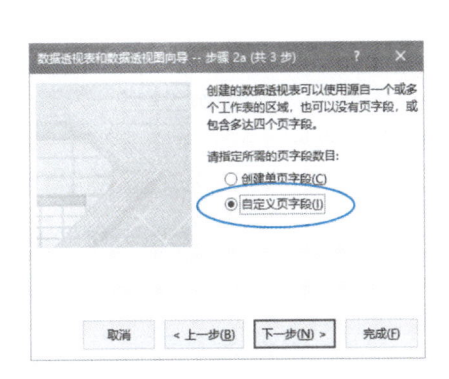

图5-21　"数据透视表和数据透视图向导－步骤2a（共3步）"对话框

图5-22　"数据透视表和数据透视图向导－第2b步，共3步"对话框

步骤04 选择自定义页字段的数目为 2，即选中"2"单选按钮，然后分别在"字段 1"和"字段 2"下拉列表框中输入年份名称和月份名称，如图 5-23 所示。

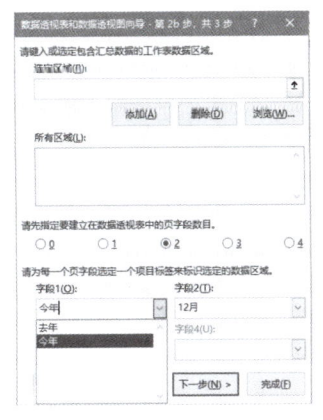

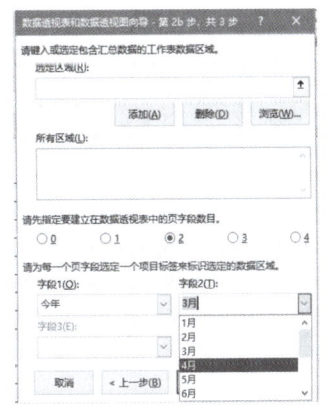

图5-23　选中"2"单选按钮，分别设置"字段1"和"字段2"的项目

> **注意**
>
> 在给每个自定义页字段设置字段项目名称时，在下拉列表框中输入项目名称后，必须用鼠标单击一下对话框的其他地方，才能把这个项目输入到该字段的下拉列表框中。在输入时务必要认真一些，别弄错了，因为一旦弄错，是无法删除的。

添加自定义页字段的项目后，下面就是添加每个表格的数据区域了。

步骤 05 以"去年"工作表中的"1月"数据表为例，添加区域并指定页字段项目，如图 5-24 所示。

在"选定区域"列表框中选择"去年"工作表的"1月"数据区域，然后单击"添加"按钮。添加区域后，一定要在底部的"字段 1"和"字段 2"下拉列表框中为该数据区域指定所属的年份和月份。

步骤 06 按步骤 5 中的操作，将两个工作表的其他各月数据添加到透视表，最后结果如图 5-25 所示。

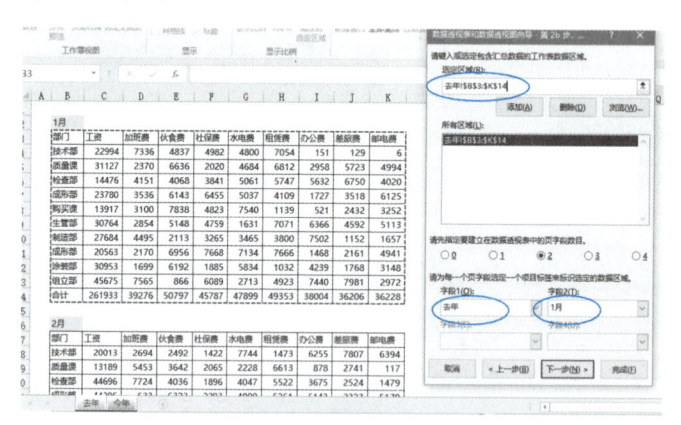

图5-24　添加数据区域

图5-25　添加完所有数据区域后的对话框

步骤 07 检查每个数据区域所对应的两个页字段项目是否正确。方法是在"所有区域"列表框中单击每个数据区域，然后观察下面"字段 1"和"字段 2"的项目是否匹配。如果不匹配，就立即重新选择项目予以改正。

步骤 08 检查无误后，单击"下一步"按钮，打开"数据透视表和数据透视图向导 - 步骤 3（共 3 步）"对话框，选中"新工作表"单选按钮。

步骤 09 单击"确定"按钮，就得到一个基于两个工作表（表示年份）、24 个数据区域（表示月份）数据的透视表，如图 5-26 所示。

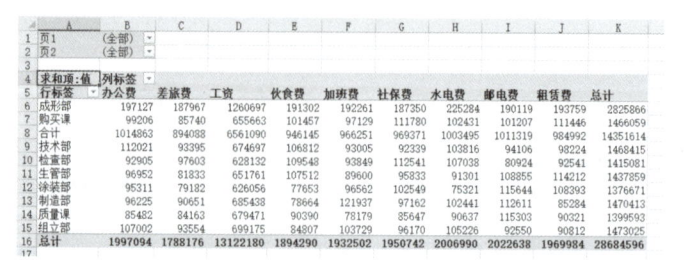

图5-26　具有两个自定义页字段的多重合并计算数据区域透视表

步骤⑩ 格式化透视表，如设置样式、设置布局、修改字段名称、数据排序、筛选数据等。如图 5-27 所示为一个汇总分析报告示例。

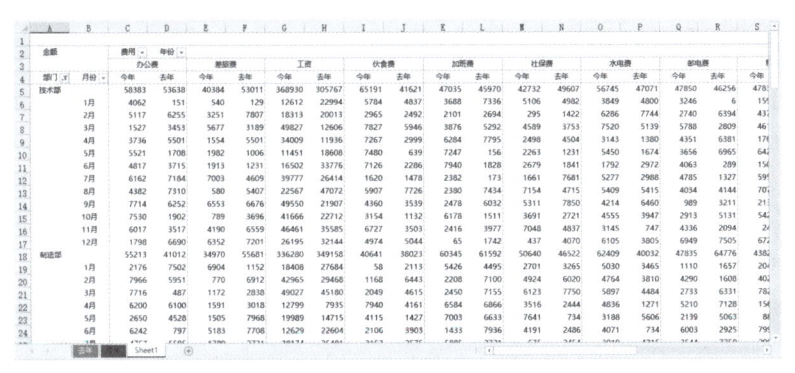

图5-27　一个汇总分析报告示例

5.3 以多个工作簿的二维表格制作数据透视表

如果二维表格保存在不同的工作簿中，也可以利用多重合并计算数据区域来合并这些工作簿数据，并进行透视分析。

同样地，不同工作簿二维表格数据的透视汇总，也可以制作单页字段或者多页字段的透视表，方法和技能与本章前面介绍的是完全一样的。

下面结合一个例子来说明如何对 N 个保存有二维表格的工作簿进行透视汇总。

案例5-4

图 5-28 所示是文件夹中的 7 个部门的数据。其中，一个部门一个工作簿，每个工作簿中只有一个工作表，工作表中的数据是每个月各种费用的二维表格，如图 5-29 所示。

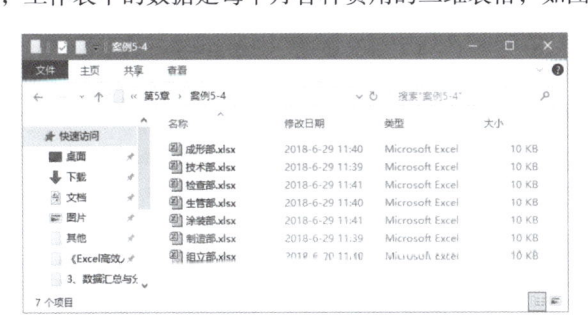

图5-28　文件夹中的7个部门的数据

图5-29　每个工作簿中的工作表数据

现在的任务是：将这7个工作簿数据汇总起来并进行分析，具体操作步骤如下。

步骤01 打开所有的源数据工作簿。

步骤02 新建一个工作簿。

步骤03 按Alt+D+P组合键，打开"数据透视表和数据透视图向导 – 步骤1（共3步）"对话框，选中"多重合并计算数据区域"单选按钮，单击"下一步"按钮；在打开的"数据透视表和数据透视图向导 – 步骤2a（共3步）"对话框中默认选中"创建单页字段"单选按钮，单击"下一步"按钮；打开"数据透视表和数据透视图向导 – 第2b步，共3步"对话框，如图5-30所示。

步骤04 单击"浏览"按钮，打开"浏览"对话框，从文件夹里选择某个工作簿，如图5-31所示。

图5-30 "数据透视表和数据透视图向导 – 第2b步，共3步"对话框

图5-31 "浏览"对话框，从文件夹中选择某个工作簿

步骤05 单击"确定"按钮，返回到"数据透视表和数据透视图向导 – 第2b步，共3步"对话框，可以看到，已经把该文件的路径及工作簿名称等信息引入"选定区域"文本框中，如图5-32所示。

步骤06 在"选定区域"文本框中，将光标移到字符串的最后（最后一个字符是感叹号"!"），手工输入数据区域A1:N11，因为每个工作簿的数据区域地址都是A1:N11，如图5-33所示。

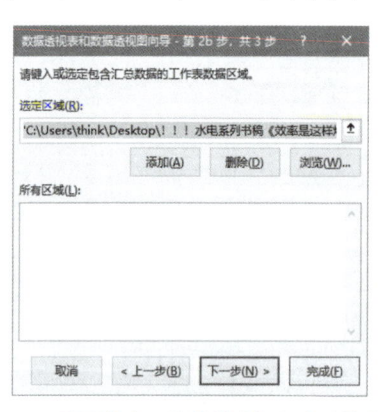

图5-32 引用某个工作簿的路径和名称等信息

图5-33 手工输入工作簿的数据区域地址

步骤07 单击"添加"按钮，即可将该工作簿的数据区域添加到透视表，如图5-34所示。

步骤08 仿照此方法，将其他工作簿数据区域进行添加，最后的结果如图5-35所示。

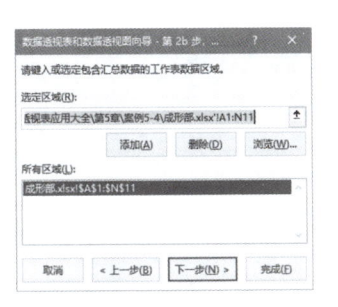

图5-34 选定工作簿的数据区域添加到透视表　　图5-35 所有工作簿数据区域添加完毕

> **提醒**
>
> 要记住每个工作簿（每个部门）在对话框"所有区域"列表框中的位置，因为后面要依据此顺序修改项目名称。

> **小窍门**
>
> 由于汇总的工作簿都在一个文件夹中，并且每个工作簿的数据区域在工作表的同一个位置，大小也一样，因此，在"选定区域"文本框中仅仅修改工作簿名称就可以了，没必要每次都单击"浏览"按钮。

步骤09 单击"下一步"按钮，按照向导做下去，最后就得到图5-36所示的数据透视表。

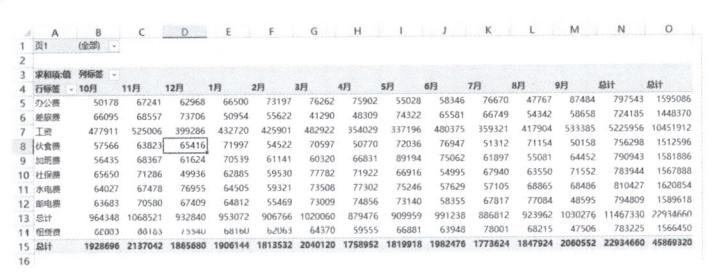

图5-36 基于多个工作簿二维表格制作的数据透视表

步骤10 对透视表进行格式化、修改字段名称、修改项目名称等，就得到需要的报告。图5-37所示为一个报告示例。

图5-37 制作的分析报告示例

步骤 11 关闭所有已打开的源数据工作簿。

5.4 以结构不一样的二维表格制作数据透视表

如果每个二维表格的结构不一样。例如，行数和列数不一样，行项目和列项目的次序也不一样，那么，能不能对这些二维表格进行透视分析呢？答案是可以的。

案例5-5

图 5-38 所示为两个结构不同的二维表格，现在要把这两个表格中的每个部门、各项费用进行汇总。

图5-38 两个结构不同的二维表格

步骤 01 对两个表格建立多重合并计算数据区域透视表，添加区域如图 5-39 所示。得到的数据透视表如图 5-40 所示。透视表会自动按照部门、费用进行精确汇总。

图5-39 添加两个表格数据区域

图5-40 两个结构不同的二维表格的汇总结果（一）

步骤 02 将透视表进行重新布局，就能更清楚地看到汇总的结果，如图 5-41 所示。

图5-41 两个结构不同的二维表格的汇总结果（二）

5.5 大量二维表格的透视分析

平常要汇总透视分析的二维表格数量不是很多，最多也就二十几个。如果要汇总透视的二维表格有数百个，该怎么处理？手动一个一个地添加区域就很烦琐了，尤其是这些表格不在同一个工作簿中时，工作量就更庞大了。

如果每个二维表格只有一列数据要透视分析时，可以直接使用 Power Query 进行查询汇总，并利用 Power Pivot 制作数据透视表。

如果这些二维表格的结构是一样的，并且有不止一列数字要汇总分析，可以先使用 Power Query 进行查询汇总，并进行逆透视，得到一个一维数据模型，然后利用 Power Pivot 对这个一维数据模型进行透视分析。

5.5.1 每个表格只有一列数字

◎ 案例5-6

图 5-42 所示是一个工作簿中的 66 个店铺的当月经营数据（损益表）。现在要制作一个数据透视表，以便能够灵活地分析这些店铺的经营情况。例如，经营利润排名前 10 的店铺是哪几个？净利润排名前 10 的店铺又是哪几个？

图5-42　66个店铺的当月经营数据

每个工作表都是一个典型的二维表，由于有多个表格（这里才 66 个，实际工作中可能有数百个之多），因此手工选择添加区域的方法是不可行的，况且还要修改大量的名称。如果使用 INDIRECT 函数做公式，计算机运算速度又会降下来。

下面联合使用 Power Query 和 Power Pivot 来汇总分析这些表格，具体操作步骤如下。

步骤01　在"数据"选项卡中单击"新建查询"下拉按钮，在弹出的下拉菜单中选择"从文件"→"从工作簿"命令，首先将这 66 个工作表汇总起来，具体操作步骤在第 4 章有过介绍，这里就不再重复了，汇总的结果如图 5-43 所示。然后将这个查询汇总结果上载为连接，并加载为数据模型。

步骤02　使用这个数据模型，利用 Power Pivot 制作数据透视表，如图 5-44 所示。此处需要注意的是：要对透视表的项目进行自定义排序。

图5-43　66个工作表的汇总结果

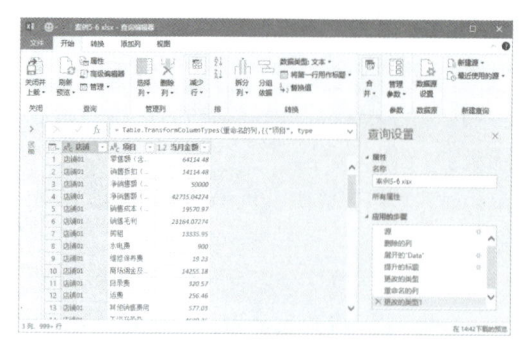

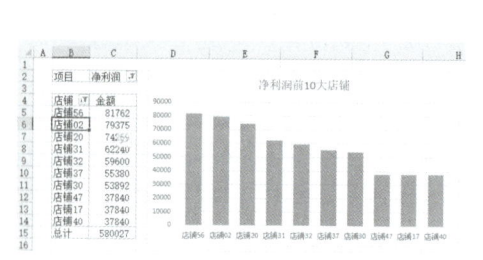

图5-44　净利润排名前10的店铺

5.5.2　每个表格有多列数字

案例5-7

图5-45所示是26个公司每月各项费用的数据，现在要把它们合并汇总，并能够很方便地从各个角度进行透视分析（注意，每个工作表都是结构相同的二维表格）。

图5-45　26个公司每月各项费用的数据

步骤01　在"数据"选项卡中单击"新建查询"下拉按钮，在弹出的下拉菜单中选择"从文件"→"从工作簿"命令，将这26个工作表汇总起来，结果如图5-46所示。

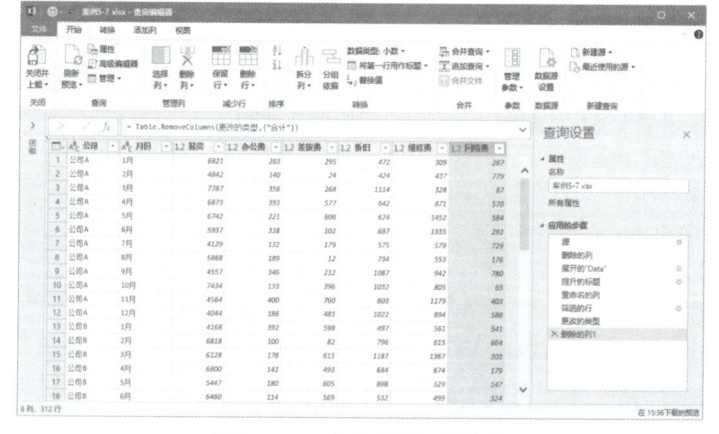

图5-46　26个表格的汇总结果

步骤 02 选择从第 3 列开始右边所有列，在"转换"选项卡中单击"逆透视列"按钮，如图 5-47 所示。

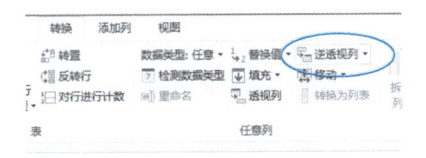

图5-47 单击"逆透视列"按钮

得到的结果如图 5-48 所示。

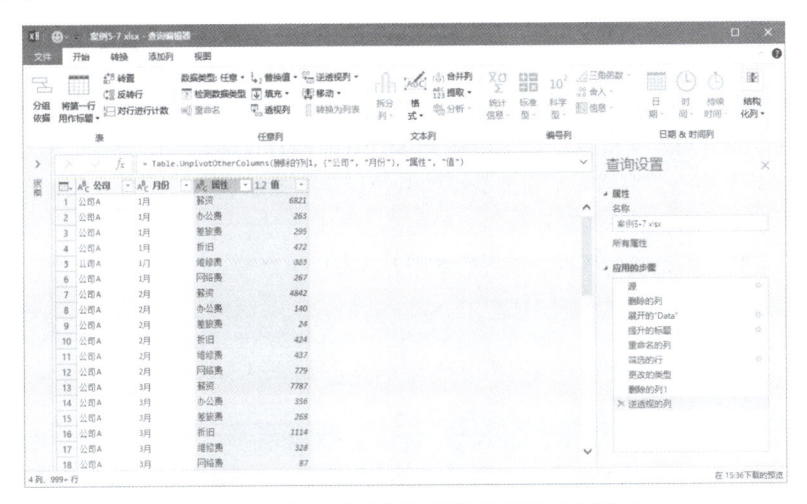

图5-48 将各个费用项目"逆透视列"后的结果

步骤 03 将第 3 列和第 4 列的标题分别修改为"费用"和"金额"。

步骤 04 将查询结果上载为仅连接和数据模型。

步骤 05 利用 Power Pivot 对这个数据模型数据创建数据透视表。

图 5-49 所示为每个公司的费用汇总结果。

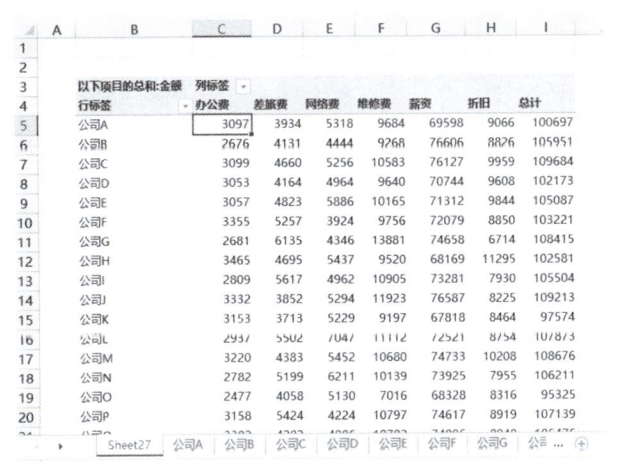

图5-49 每个公司的费用汇总结果

第 6 章
以多个关联工作表制作数据透视表

关联工作表就是几个工作表保存有不同类型的数据,但都有一列或者几列是一样的,这些工作表通过这样的字段关联起来。

例如,一个工作表保存各个产品的销售记录数据,但是没有产品标准单价数据;另一个工作表则保存有产品标准单价数据。这两个表格中都有一列产品编码(或产品名称),这两个表的产品编码就是关联字段。这就是关联工作表的汇总分析问题。

这样的汇总分析,一般的方法是使用 VLOOKUP 函数,根据关联字段把各个表格的数据归集到一个表格中,得到一个全部数据的分析底稿,然后利用数据透视表进行分析。这种方法适用于小型的、关联关系比较简单的表格,但是不适合大型表格。

以多个关联工作表制作数据透视表的常用方法有以下两种。
- Microsoft Query
- Power Pivot

6.1 Microsoft Query方法

Microsoft Query 在任何一个版本的 Excel 中都能使用,其应用最多的是从一个表格中查询满足条件的数据,并且,它还可以从多个有关联的表格中查询数据。

案例6-1

图 6-1 所示的工作簿有 3 个工作表,即销售、产品资料和客户资料。现在的任务是汇总每个业务员销售每种类别产品的重量。

图6-1　3个有关联字段的工作表

从图 6-1 中可以发现,"销售"工作表并没有"业务员名称"字段,也没有"类别"字段,但是有"客户编号"和"产品编号"这两个字段,而这两个字段在"客户资料"和"产品资料"工作表中也是存在的,因此可以进行如下操作。

(1)通过"客户编号"字段,把"客户资料"工作表中的每个客户对应的"业务员名称"关联到"销售"工作表中。

（2）通过"产品编号"字段，把"产品资料"工作表中的每种产品对应的"类别"关联到"销售"工作表中。

常规的做法是利用 VLOOKUP 函数来关联提取数据，如图 6-2 所示。

单元格 F2 公式：=VLOOKUP(A2,产品资料!A:C,3,0)
单元格 G2 公式：=VLOOKUP(C2,客户资料!A:C,3,0)

有了信息完整的数据表后，再以此数据表创建普通的数据透视表，得到需要的报告，如图 6-3 所示。

图6-2　从另外两个表格中，利用VLOOKUP函数关联提取数据

图6-3　完成的汇总报表

这种方法并不是最理想的选择，毕竟要使用函数去关联提取数据，数据量很大时就不是很方便了。另外，如果要关联的字段很多，就非常麻烦。

下面介绍一种最简单的、在任何版本都可以使用的方法——Microsoft Query。前面曾介绍过这个工具，为了让读者进一步掌握该工具在汇总关联工作表时的具体步骤，这里再次进行讲解。

步骤 01 选择一个工作表，单击"数据"选项卡中的"自其他来源"下拉按钮，在弹出的下拉菜单中选择"来自 Microsoft Query"命令，如图 6-4 所示。

步骤 02 打开"选择数据源"对话框，选择"Excel Files*"选项，并注意保证对话框底部的"使用｜查询向导｜创建/编辑查询"复选框处于勾选状态，如图 6-5 所示。

图6-4　"来自Microsoft Query"命令

图6-5　"选取数据源"对话框

步骤 03 单击"确定"按钮，打开"选择工作簿"对话框，从保存有当前工作簿的文件夹里选择该文件，如图 6-6 所示。

步骤04 单击"确定"按钮,打开"查询向导-选择列"对话框,如图6-7所示。

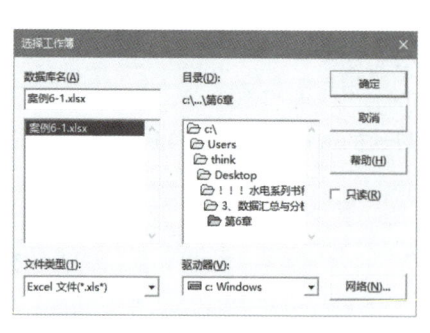

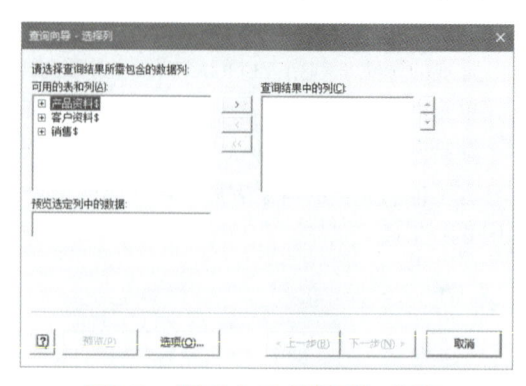

图6-6 "选择工作簿"对话框　　　　图6-7 "查询向导–选择列"对话框

步骤05 从"可用的表和列"列表框中选择"销售 $",单击 > 按钮,将其字段全部添加到右侧的"查询结果中的列"列表框中;单击表"产品资料"左侧的展开按钮,展开表格,将字段"类别"添加到右侧的"查询结果中的列"列表框中;单击表"客户资料"左侧的展开按钮,展开表格,将字段"业务员名称"添加到右侧的"查询结果中的列"列表框中。

最后,得到了一个包含所有数据的查询结果,如图6-8所示。

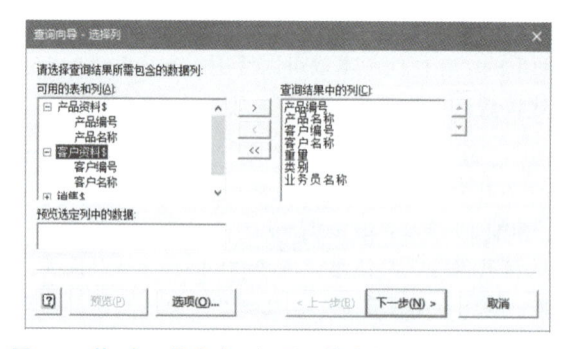

图6-8 从3个工作表中,把需要的字段添加到查询结果中

步骤06 单击"下一步"按钮,系统会弹出一个警告对话框,告诉用户"'查询向导'无法继续,需要在Microsoft Query窗口中拖动字段,人工链接",如图6-9所示。

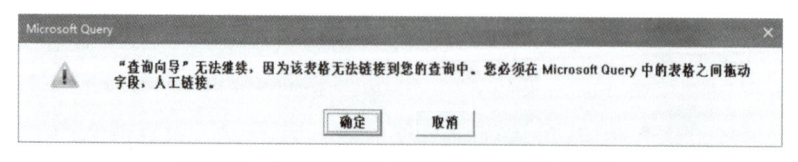

图6-9 "查询向导"无法继续的警告对话框

步骤07 单击"确定"按钮,打开Microsoft Query窗口。此时的窗口会呈现为上、下两部分,上面有3个小窗口,分别显示3个工作表的字段列表;下面是3个工作表的全部数据列表,如图6-10所示。

步骤08 将工作表"产品资料"字段窗口中的字段"产品编号"拖到工作表"销售"字段窗口中的字段"产品编号"上,建立工作表"产品资料"与工作表"销售"的链接。

将工作表"客户资料"字段窗口中的字段"客户编号",并拖到工作表"销售"字段窗口中的字段"客户编号"上,建立工作表"客户资料"与工作表"销售"的链接。

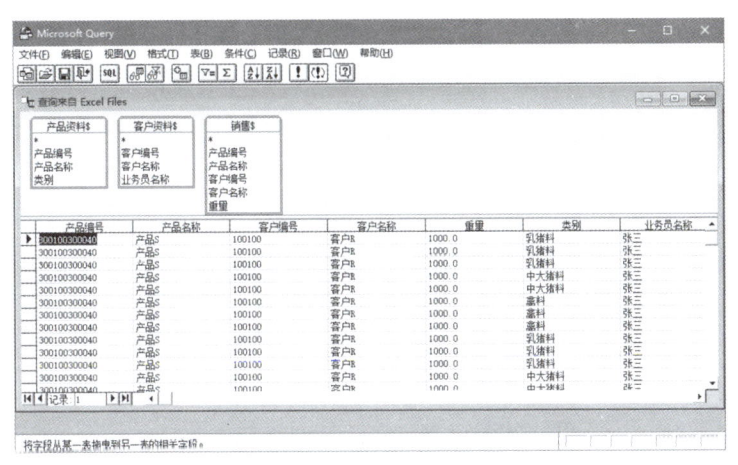

图6-10 Microsoft Query窗口

图 6-11 所示为建立链接后的界面,这里重新调整了单个工作表字段窗口的位置。

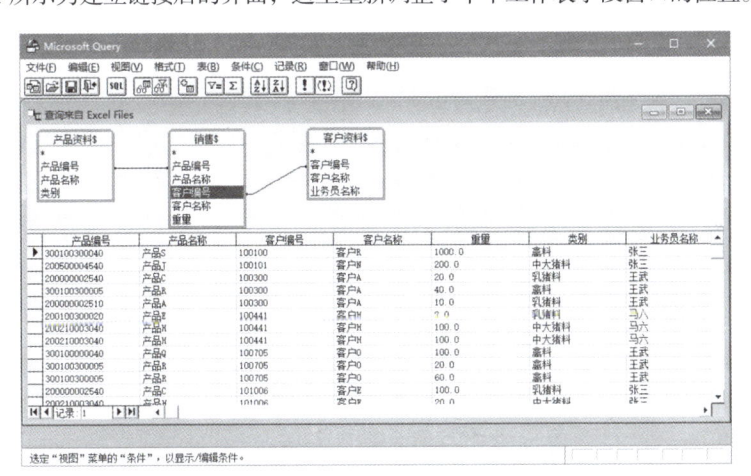

图6-11 通过关键字段的链接把3个工作表数据汇总在一起

步骤09 在 Microsoft Query 窗口中,选择"文件"→"将数据返回 Microsoft Excel"命令,如图 6-12 所示。

步骤10 打开"导入数据"对话框,选中"数据透视表"和"新工作表"单选按钮,如图 6-13 所示。

步骤11 单击"确定"按钮,就得到了一个基于3个关联工作表的数据透视表,如图 6-14 所示。

步骤12 对透视表进行布局,即可得到需要的报表。

图6-12 准备将查询结果保存到工作表

图6-13 "导入数据"对话框

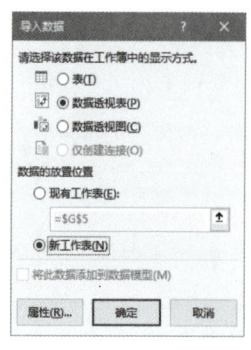

图6-14 创建的基于3个关联工作表的数据透视表

上面的操作尽管步骤较多，但并不复杂，也容易掌握。此外，通过这种方法得到的报表不受工作表数据的限制。如果源数据工作表的数据发生了变化，刷新数据透视表即可更新报表。

6.2 Power Pivot方法

Power Pivot 是 Excel 2016 一个好用的功能，用于对海量数据进行透视分析，其核心是 DAX 语言，这里不进行详细介绍。下面利用 Power Pivot 对几个关联工作表进行透视分析。

案例6-2

以案例 6-1 的数据为例，利用 Power Pivot 来制作关联工作表的数据透视表的步骤如下。

6.2.1 在当前工作簿中制作数据透视表

步骤 01 在"数据"选项卡中单击"新建查询"下拉按钮，在弹出的下拉菜单中选择"从文件"→"从工作簿"命令，在弹出的"导入数据"对话框中选择工作簿文件，单击"导入"按钮，如图 6-15 所示。

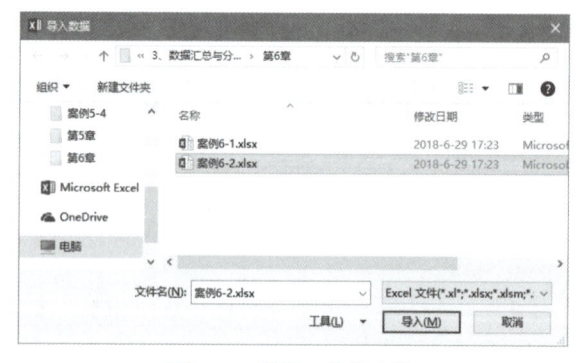

图6-15 选择工作簿文件

步骤 02 打开"导航器"对话框，勾选"选择多项"复选框，并选择下面的 3 个表格，如图 6-16 所示。

图6-16　选择3个表格

步骤03 单击"编辑"按钮，打开"查询编辑器"窗口，然后单击"关闭并上载至"按钮，将3个工作表的查询上载为连接和数据模型，在工作簿右侧出现了3个查询，如图6-17所示。

步骤04 打开 Power Pivot for Excel 窗口，单击"关系图视图"按钮，如图6-18所示。

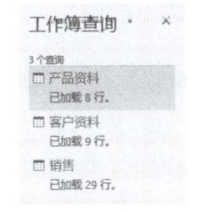

图6-17　建立的3个工作表查询　　　图6-18　单击"关系图视图"按钮

步骤05 打开"关系图视图"界面，然后将3个工作表的关联字段手工建立链接，如图6-19所示。

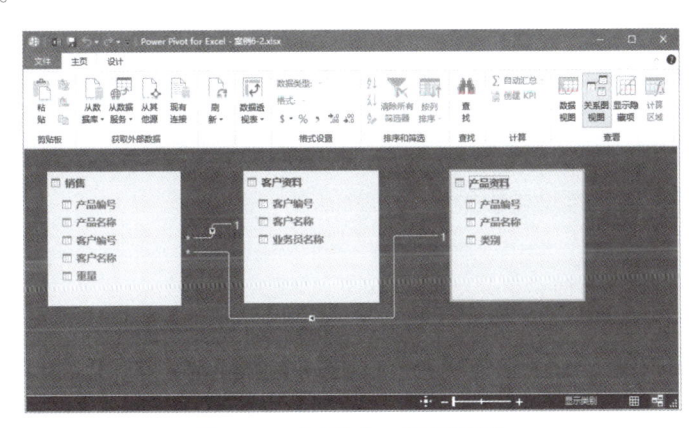

图6-19　建立单个工作表的链接

步骤06 单击"数据透视表"按钮，在一个新工作表上创建一个透视表，如图6-20所示。

步骤07 在工作表右侧的"数据透视表字段"窗格里，展开3个表格，分别拖动字段到相应的区域，即可得到图6-21所示的报告。

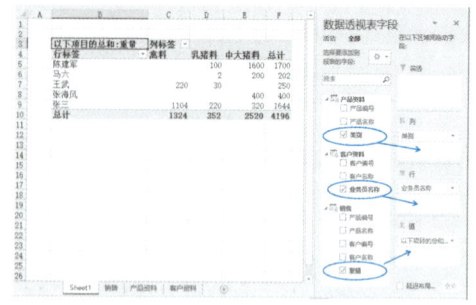

图6-20　创建的数据透视表

图6-21　得到要求的汇总报告

6.2.2　不打开源数据工作簿，在新工作簿中制作数据透视表

上面介绍的是在当前工作簿中先通过 Power Query 建立 3 个查询，然后利用 Power Pivot 建立连接，并创建数据透视表。

如果工作簿的数据量很大，则不建议使用这种方法。此时可以在一个新工作簿中直接使用 Power Pivot 创建连接和数据透视表，具体操作步骤如下。

步骤01　新建一个工作簿。

步骤02　在 Power Pivot 选项卡中单击"数据模型"组中的"管理"按钮，如图 6-22 所示。

步骤03　打开 Power Pivot for Excel 窗口，单击"从其他源"按钮，如图 6-23 所示。

图6-22　单击"管理"按钮

图6-23　单击"从其他源"按钮

步骤04　打开"表导入向导"对话框，选择"Excel 文件"，如图 6-24 所示。

步骤05　单击"下一步"按钮，在弹出的对话框中勾选"使用第一行作为列标题"复选框，然后单击"浏览"按钮，从文件夹里浏览选择文件，如图 6-25 所示。

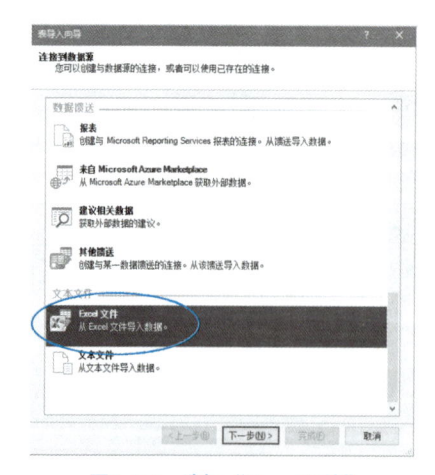

图6-24　选择"Excel文件"

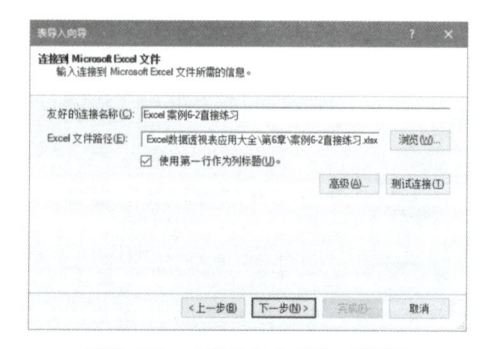

图6-25　"表导入向导"对话框

步骤 06 单击"下一步"按钮，在弹出的对话框中勾选要制作数据透视表的3个工作表，如图6-26所示。

步骤 07 单击"完成"按钮，可以看到3个工作表的数据导入成功，如图6-27所示。

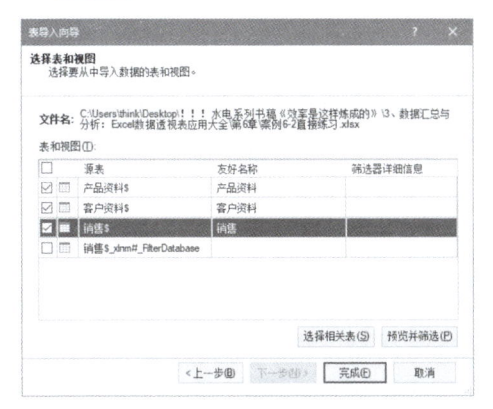

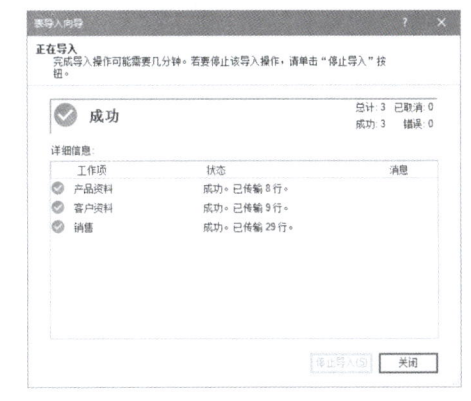

图6-26　勾选要制作数据透视表的3个工作表　　　图6-27　3个工作表的数据导入成功

步骤 08 单击"关闭"按钮，关闭"表导入向导"对话框，返回到 Power Pivot for Excel 窗口，可以看到出现了3个查询表，如图6-28所示。

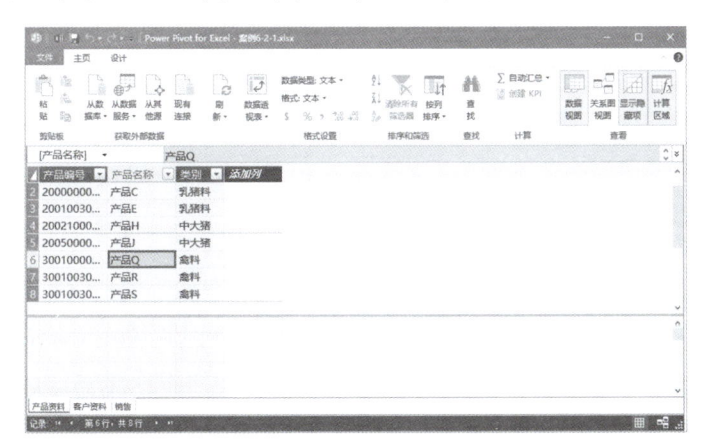

图6-28　Power Pivot for Excel窗口中导入的3个查询表数据

采用前面介绍的方法，建立3个查询表的链接，并创建数据透视表。详细过程这里不再介绍。

第 7 章
以其他类型数据源制作数据透视表

数据的来源是各种各样的，除了要掌握以 Excel 数据制作数据透视表的方法和技能外，还需要掌握以其他类型文件数据创建数据透视表的方法和技巧。

7.1 以文本文件数据制作数据透视表

不论是以逗号分隔的文本文件（又称为"CSV 文件"），还是以其他符号分隔的文本文件，都可以使用有关的工具，直接以文本文件数据制作数据透视表，而不需要事先导入这些数据。

利用文本文件数据制作数据透视表的方法很多，常用的有以下 5 种。
◎ 使用外部数据源。
◎ 自文本工具。
◎ 现有连接工具。
◎ Power Pivot 工具。
◎ Microsoft Query 工具。

下面以一个文本文件"员工信息"的数据（图 7-1）为例，具体讲解这 5 种方法的使用，要求统计每个部门各种学历的人数。

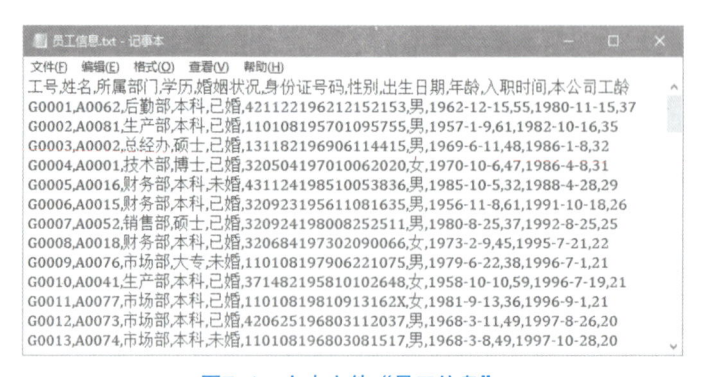

图7-1 文本文件"员工信息"

7.1.1 使用外部数据源

这种方法的具体步骤如下。

步骤 01 在"插入"选项卡中单击"数据透视表"按钮，打开"创建数据透视表"对话框，选中"使用外部数据源"单选按钮，如图 7-2 所示。

步骤 02 单击"选择连接"按钮，打开"现有连接"对话框，如图 7-3 所示。

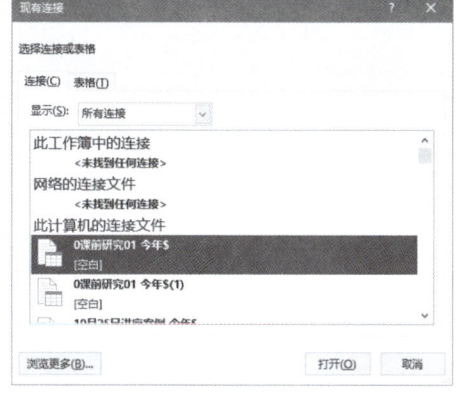

图7-2 "创建数据透视表"对话框　　　图7-3 "现有连接"对话框

步骤03 单击左下角的"浏览更多"按钮，打开"选取数据源"对话框，从文件夹里选择该文本文件，如图7-4所示。

步骤04 单击"打开"按钮，打开"文本导入向导－第1步，共3步"对话框，根据实际情况选择合适的文件类型，这里选中"分隔符号"单选按钮，同时要特别注意，一定要勾选"数据包含标题"复选框，如图7-5所示。

图7-4 选择文本文件　　　图7-5 "文本导入向导-第1步，共3步"对话框

步骤05 单击"下一步"按钮，打开"文本导入向导－第2步，共3步"对话框，根据实际情况选择分隔符号，这里勾选"逗号"复选框，如图7-6所示。

步骤06 单击"下一步"按钮，打开"文本导入向导－第3步，共3步"对话框，根据实际情况，设置各列的数据类型，如图7-7所示。

步骤07 单击"完成"按钮，返回到"创建数据透视表"对话框，注意要勾选对话框底部的"将此数据添加到数据模型"复选框，如图7-8所示。

步骤08 单击"确定"按钮，在工作表中创建了一个基于文本文件数据的数据透视表，如图7-9所示。

图7-6 "文本导入向导–第2步,共3步"对话框

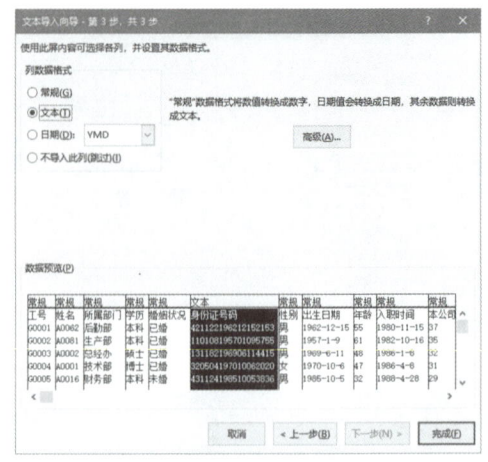

图7-7 "文本导入向导–第3步,共3步"对话框

图7-8 "创建数据透视表"对话框

图7-9 创建的数据透视表

步骤09 对数据透视表进行布局和美化,就得到需要的分析报告,如图7-10所示。

	A	B	C	D	E	F	G	H	I	J
1										
2		人数	学历							
3		所属部门	本科	博士	大专	高中	硕士	中专	总计	
4		财务部	5				3		8	
5		后勤部	2		1			1	4	
6		技术部	5	1			5		11	
7		贸易部	3				2		5	
8		人力资源部	7		1		1		9	
9		生产部	5		1		1		7	
10		市场部	9		3	4			16	
11		销售部	6				3	2	11	
12		信息部	3				2		5	
13		质检部	3				3		6	
14		总经办	4				1		5	
15		总计	52	1	6	4	21	3	87	
16										

图7-10 各个部门、各种学历的人数统计,数据来源于文本文件

7.1.2 自文本工具

使用自文本工具制作数据透视表的具体步骤如下。

> **步骤 01** 在"数据"选项卡中单击"自文本"按钮，如图7-11所示。
>
> **步骤 02** 打开"导入文本文件"对话框，选择文件夹里的文本文件，如图7-12所示。

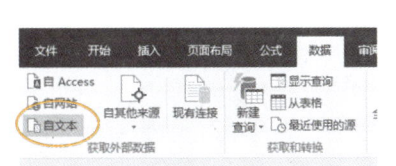

图7-11　单击"自文本"按钮　　　　图7-12　选择文本文件

> **步骤 03** 单击"导入"按钮，打开"文本导入向导"对话框，下面的操作过程与7.1.1小节中介绍的完全相同，当在第3步单击"完成"按钮后，就打开了"导入数据"对话框，先勾选底部的"将此数据添加到数据模型"复选框，再选中"数据透视表"单选按钮，如图7-13所示。

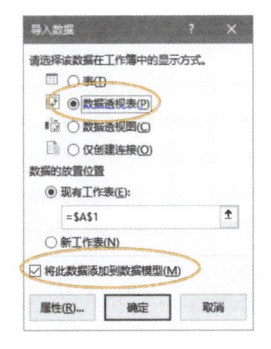

图7-13　"导入数据"对话框

> **步骤 04** 单击"确定"按钮，在工作表上创建了数据透视表。

7.1.3　现有连接工具

使用现有连接工具制作数据透视表的方法也很简单，首先在"数据"选项卡中单击"现有连接"按钮，如图7-14所示。

图7-14　单击"现有连接"按钮

打开"现有连接"对话框，接下来的操作步骤与7.1.1小节所讲的使用外部数据源方法完全相同，直至最后一步打开"导入数据"对话框，做好相关设置（如图7-13所示），即可创建基于文本文件的数据透视表。

7.1.4 Power Pivot 工具

Power Pivot 可以使用任何一种类型的数据制作数据透视表，当然也包括文本文件。这种方法的主要步骤如下。

步骤 01 在 Power Pivot 选项卡中单击"管理"按钮，如图 7-15 所示。

步骤 02 打开 Power Pivot for Excel 窗口，单击"从其他源"按钮，如图 7-16 所示。

图7-15　单击"管理"按钮　　　图7-16　单击"从其他源"按钮

步骤 03 打开"表导入向导"对话框，选择"文本文件"选项，如图 7-17 所示。

步骤 04 单击"下一步"按钮，打开图 7-18 所示的对话框，勾选"使用第一行作为列标题"复选框，然后单击"浏览"按钮，从文件夹里浏览选择文件。

图7-17　"表导入向导"对话框　　　图7-18　浏览选择文本文件

步骤 05 单击"完成"按钮，可以看到文本文件数据导入成功的信息，如图 7-19 所示。

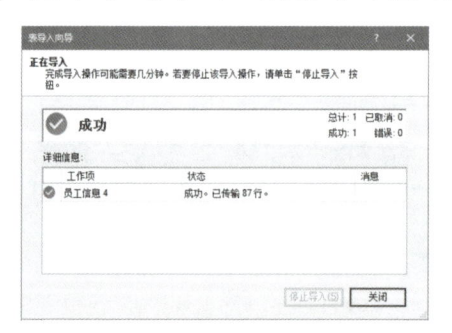

图7-19　文本文件数据导入成功

步骤 06 单击"关闭"按钮，关闭"表导入向导"对话框，返回到 Power Pivot for Excel 窗口，可以看到从文本文件导入的数据，如图 7-20 所示。

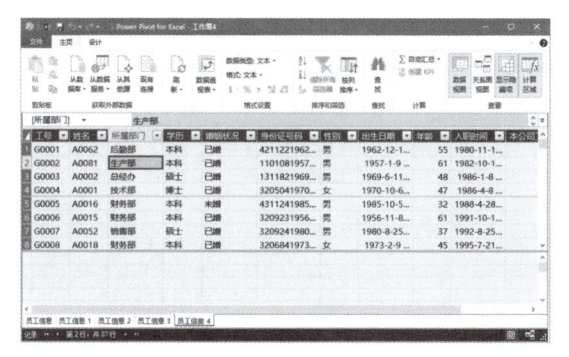

图7-20　Power Pivot for Excel窗口

步骤07　单击"数据透视表"按钮，就在工作表上创建了数据透视表。

7.1.5　Microsoft Query 工具

前面介绍的几种方法，都必须在 Excel 2016 或者 Excel 2016 以上的版本中才能使用。如果是 Excel 2016 以下的版本，那么以文本文件创建数据透视表，需要使用 Microsoft Query 工具。

这个工具的主要使用方法如下。

步骤01　在"数据"选项卡中单击"自其他来源"下拉按钮，在弹出的下拉菜单中选择"来自 Microsoft Query"命令，打开"选择数据源"对话框，从"数据库"选项卡下的列表框中选择"＜新数据源＞"，如图 7-21 所示。

步骤02　单击"确定"按钮，打开"创建新数据源"对话框。

在"创建新数据源"对话框中进行以下设置。

（1）在第 1 项"请输入数据源名称"文本框中输入要创建的数据源名称（如文本文件）。

（2）在第 2 项"为您要访问的数据库类型选定一个驱动程序"下拉列表框中选择 Microsoft Access Text Driver（*.txt；*.csv）选项，如图 7-22 所示。

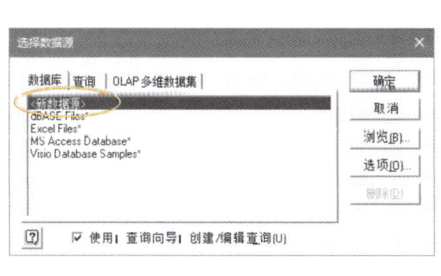

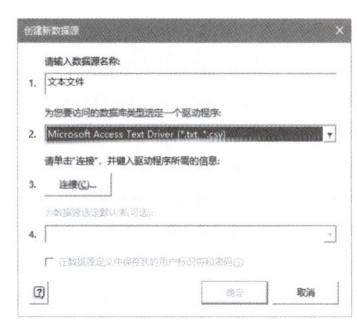

图7-21　选择"＜新数据源＞"　　　图7-22　输入数据源名称，选择驱动程序

（3）单击"连接"按钮，打开"ODBC Text 安装"对话框，取消勾选"使用当前目录"复选框，如图 7-23 所示。

（4）单击"选择目录"按钮，打开"选择目录"对话框，选择该文本文件所在的文件夹，如图 7-24 所示。

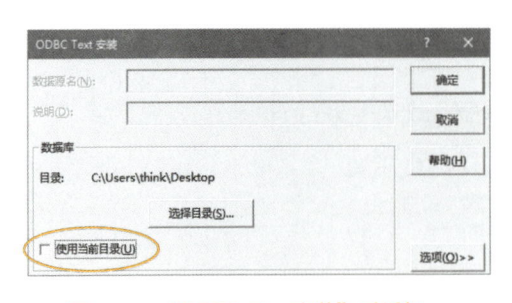

图7-23 "ODBC Text安装"对话框 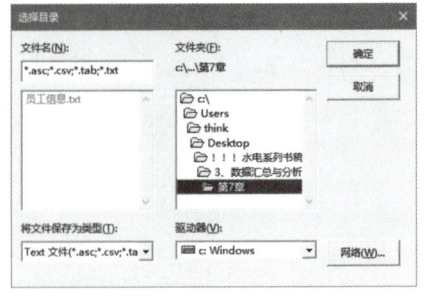　　　　图7-24 选择文本文件所在的文件夹

（5）单击"确定"按钮，返回到"ODBC Text 安装"对话框；再单击"确定"按钮，返回到"创建新数据源"对话框，在"为数据源选定默认表（可选）"下拉列表框中选择文本文件"员工信息.txt"，如图 7-25 所示。

步骤 03 单击"确定"按钮，返回到"选择数据源"对话框，可以看到已经创建了一个名为"文本文件"的数据源，如图 7-26 所示。

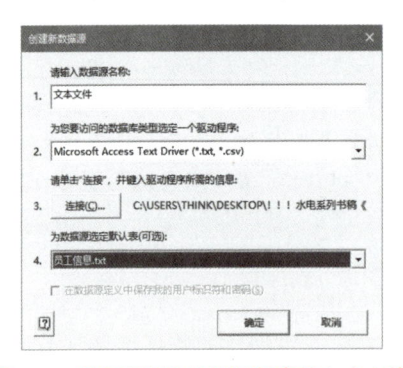

图7-25 选择要制作数据透视表的文本文件 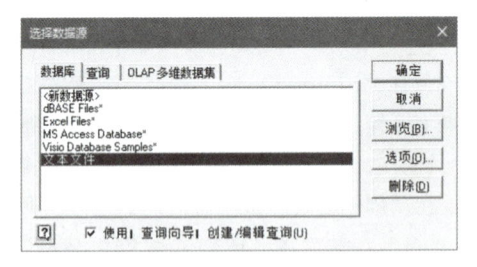　　图7-26 创建了名为"文本文件"的新数据源

步骤 04 选择这个数据源，单击"确定"按钮，打开"查询向导 – 选择列"对话框，如图 7-27 所示。

步骤 05 在"可用的表和列"列表框中选择文本文件"员工信息.txt"，将其所有字段作为查询字段移到右边的列表框中，如图 7-28 所示。

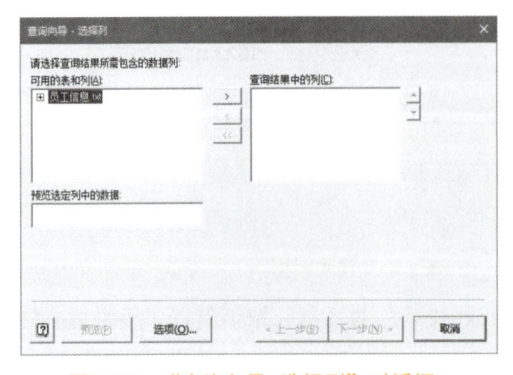

图7-27 "查询向导–选择列"对话框 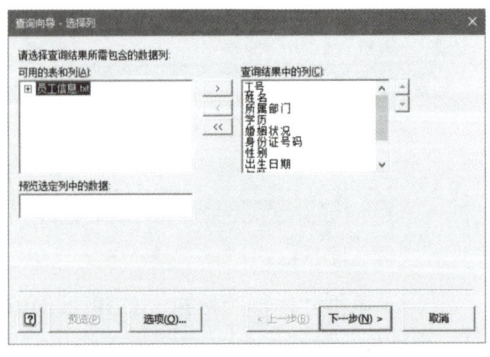　　　图7-28 选择文本文件的所有字段作为查询结果中的列

步骤06 单击"下一步"按钮，打开"查询向导 – 筛选数据"对话框，保持项目默认。

步骤07 单击"下一步"按钮，打开"查询向导 – 排序顺序"对话框，保持默认。

步骤08 单击"下一步"按钮，打开"查询向导 – 完成"对话框，保持默认。

步骤09 单击"完成"按钮，打开"导入数据"对话框，选中"数据透视表"单选按钮，如图7-29所示。

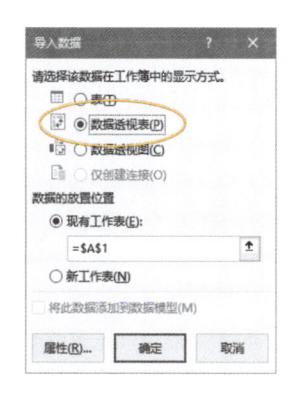

图7-29　"导入数据"对话框

步骤10 单击"确定"按钮，就得到以文本文件数据制作的数据透视表，然后进行布局，得到需要的报表。

7.2 以数据库数据制作数据透视表

数据库种类繁多，使用 Microsoft Query 或者 Power Pivot 可以快速访问数据库数据，并创建数据透视表。其基本方法和步骤与前面介绍的操作文本文件的方法基本相同。

例如，假设数据源是 Access 数据库，可以使用下面的 5 种方法快速创建数据透视表，无须先导入 Access 数据。

- 使用外部数据源。
- 自 Access。
- 通过现有连接。
- 使用 Power Pivot。
- 使用 Microsoft Query。

感兴趣的读者可以自行找 Access 数据文件进行相关练习。

第 8 章
制作数据透视表方法总结

前面几章介绍了数据透视表的各种制作方法和相关技巧，下面将这些方法进行总结，以便在实际的数据分析中灵活使用。

8.1 制作数据透视表的普通方法

8.1.1 制作方法总结

最普通的方法是使用插入数据透视表命令，这也是读者最熟悉、应用最多的方法。用这种方法创建的数据透视表，既可以是一个固定不变的数据区域，也可以是一个动态的区域，还可以是外部数据源。

如果制作数据透视表的数据区域是变动的，可以使用 OFFSET 函数定义一个动态名称，再用这个动态名称制作数据透视表。

当希望以其他工作簿、其他数据库数据（例如文本文件、Access 数据库等）创建数据透视表时，可以使用外部数据源，此选项的实质是"现有连接"工具，但操作起来更加简单。

图 8-1 所示为"创建数据透视表"对话框，其关键是"选择一个表或区域"和"使用外部数据源"两个选项。

图8-1 "创建数据透视表"对话框

8.1.2 查看或修改数据源

如果是一个固定区域或者使用动态名称创建的数据透视表，要查看或者修改其数据源，需要在"分析"选项卡中单击"更改数据源"按钮（如图 8-2 所示），在弹出的"更改数据透视表数据源"对话框中查看制作数据透视表的数据区域或者修改这个区域，如图 8-3 所示。

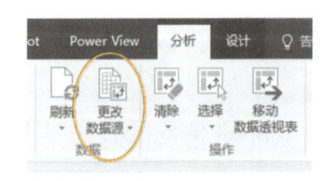

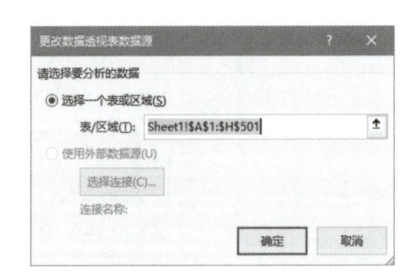

图8-2 单击"更改数据源"按钮　　图8-3 用固定数据区域制作的数据透视表

如果是通过"使用外部数据源"方法制作的数据透视表，那么"更改数据透视表数据源"对话框如图8-4所示。此时需要单击该对话框中的"选择连接"按钮（如图8-5所示），打开"现有连接"对话框，才能修改数据源。

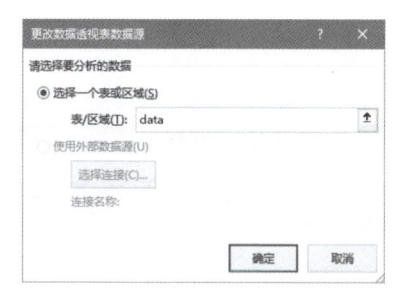

图8-4　以定义的动态名称制作的数据透视表

图8-5　通过"使用外部数据源"方法制作的数据透视表

如果想查看这个数据源是哪个文件，则需要在"分析"选项卡中单击"更改数据源"下拉按钮，在弹出的下拉菜单中选择"连接属性"命令，如图8-6所示；然后在打开的"连接属性"对话框中查看连接文件和连接字符串，如图8-7所示。

图8-6　选择"连接属性"命令

图8-7　"连接属性"对话框

8.2　利用现有连接+SQL语句制作数据透视表的方法

8.2.1　制作方法总结

使用现有连接+SQL语句制作数据透视表的方法，主要用于汇总透视当前工作簿内的大量结构相同的一维数据工作表，如12个月的工资表等。

这种方法的重点是编写SQL语句，可以取工作表的所有字段（在SQL语句中，使用星号*代表所有字段），也可以使用部分字段（需要列出具体的字段名称）。SQL语句要输入到"连接属性"对话框的"命令文本"列表框中。

使用这种方法创建多个工作表数据的数据透视表，需要特别注意以下几点。
- 每个工作表的第一行必须是标题。
- 如果使用表格的所有字段制作数据透视表，也就是在 SQL 语句中使用了星号（*），那么每个工作表的列结构必须完全相同，即列个数、列次序、列名称完全一样。
- 如果在工作表数据区域以外的单元格输入了错误的数据，那么只清除单元格数据是没用的，此时在制作数据透视表时，会出现列不匹配的错误，因此必须将这些垃圾数据所在的列彻底删除，而不是仅仅清除单元格数据。
- 如果数据区域内有空单元格，最好将其填充为数字 0。

8.2.2　查看或修改数据源

利用现有连接+SQL 语句创建的数据透视表，要查看或者修改数据源，需要在"分析"选项卡中单击"更改数据源"下拉按钮，在弹出的下拉菜单中选择"连接属性"命令，在弹出的"连接属性"对话框中查看连接文件、连接字符串和命令文本，如图 8-8 所示。

如果源文件的位置变了，可以在"连接字符串"列表框中进行修改；如果想增加或减少工作表，或者重新编写 SQL 语句，可以在"命令文本"列表框中进行编辑修改。

图8-8　在"连接属性"对话框中查看连接文件、连接字符串和命令文本

8.3　多重合并计算数据区域数据透视表方法

8.3.1　制作方法总结

多重合并计算数据区域数据透视表的方法用于汇总分析多个二维表格，这些二维表格的结构可以是完全相同的，也可以不一样。

这些二维表既可以是同一个工作簿中的，也可以是不同工作簿中的，后者需要先打开这些工作簿。

根据源表格的数据信息，可以制作单页字段，也可以制作多页字段，前者最常见，后者则需要认真地设置自定义页字段及其项目。

在制作多页字段时，最多可以定义 4 个页字段，这点要特别注意。

启用多重合并计算数据区域功能的方法是按 Alt+D+P 组合键（P 要按两下），打开"数据透视表和数据透视图向导 - 步骤 1（共 3 步）"对话框，选中"多重合并计算数据区域"单选按钮，如图 8-9 所示。

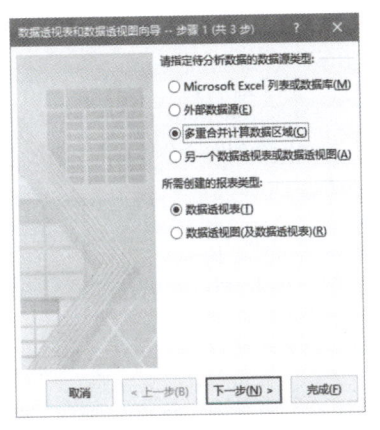

图8-9 "数据透视表和数据透视图向导–步骤1（共3步）"对话框

8.3.2 查看及编辑数据源

要查看数据透视表的数据源，需要在透视表中按 Alt+D+P 组合键，打开"数据透视表和数据透视图向导"对话框，进入"第 2b 步"对话框进行查看，如图 8-10 所示。

需要注意的是，如果修改了某个数据表后，需要单击"添加"按钮确认，但是原来的数据表区域仍然存在，应该予以删除，如图 8-11 所示。

图8-10 查看多重合并计算数据区域透视表的数据源

图8-11 修改某个表区域并添加后，原来的表区域仍然存在

8.4 Power Query+Power Pivot制作数据透视表方法

8.4.1 制作方法总结

Power Query+Power Pivot 制作数据透视表的方法只能在 Excel 2016 以后的版本中使用，特别适合于大量工作表或大量工作簿数据的汇总透视分析。

如果是大量工作表或大量工作簿数据，可以先用 Power Query 进行快速查询汇总，制作数据模型，然后利用 Power Pivot 制作数据透视表。

如果是一个工作簿的几个关联工作表，可以直接使用 Power Pivot 制作数据透视表。

深入应用 Power Query，需要学习 M 语言，但如果仅仅是利用 Power Query 做数据查询汇总，掌握常用的可视化操作就可以了。

Power Pivot 的应用比较复杂，涉及到 DAX 语言，而且其数据处理方法与普通的数据透视表有很大的不同。例如，Power Pivot 无法使用常规透视表中的计算字段和计算项，必须使用度量值。

8.4.2 查看或编辑数据源

如果是先用 Power Query 汇总，再用 Power Pivot 透视，要查看或者重新编辑数据源，则需要双击工作簿右侧"工作簿查询"窗格中的查询名称（如图 8-12 所示），打开"查询编辑器"窗口，再进行编辑。

如果工作簿右侧没有出现"工作簿查询"窗格，则在"数据"选项卡中单击"显示查询"按钮即可，如图 8-13 所示。

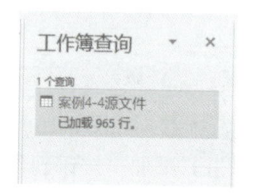

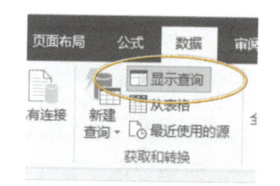

图8-12　"工作簿查询"窗格　　　　图8-13　单击"显示查询"按钮

对于直接使用 Power Pivot 制作的数据透视表，需要在 Power Pivot 选项卡中单击"管理数据模型"按钮，打开 Power Pivot for Excel 窗口，查看数据源或者进行编辑。

第 9 章 布局数据透视表

数据透视表的主要功能是把杂乱的流水数据，按照类别进行汇总分析，制作分析报告。因此，在创建透视表后，对透视表进行布局是非常重要的。实际上，布局透视表的过程就是对数据的分析过程，也是制作分析报告的过程。

9.1 "数据透视表字段"窗格

当创建数据透视表后，会在其右侧出现一个"数据透视表字段"窗格（如图9-1所示），它是布局透视表不可缺少的工具。

默认情况下，该窗格中包含5个小窗格，分别是字段列表、筛选、列、行、值。

9.1.1 改变"数据透视表字段"窗格布局

用户可以重新布局这个窗格，方法是单击 按钮，在弹出的下拉列表中选择某种窗格布局方式（如图9-2所示），即可得到一种新的窗格布局，如图9-3所示。

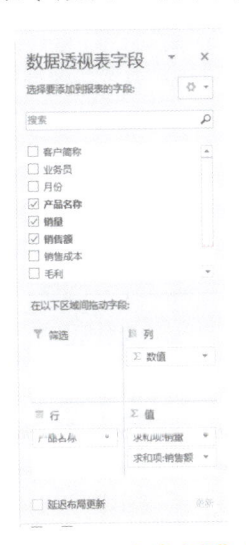

图9-1 "数据透视表字段"窗格　　图9-2 重新布局窗格结构　　图9-3 新的窗格布局

9.1.2 字段列表

字段列表列出数据源中所有的字段名称，也就是数据区域的列标题。如果用户定义了计算字段，也会出现在此列表中。

这里需要区分什么是字段，什么是项目。字段是数据区域的列，表示某种类型数据的集合。字段有名称，就是列标题。字段会出现在字段列表中。项目是某个字段下不重复的数据名称。例如，一个字段"性别"，其下有两个项目是"男"和"女"。又如上面的数据透视表，有一个字段"产品名称"，其下的项目就是各种产品名称。

字段是工作表的某列，其名称就是第一行的标题；项目就是某列下各个单元格保存的具体数据。打个比方，如果字段是"国家"的话，项目犹如"国家"内的省份。

9.1.3 筛选

筛选俗称页字段，用于对整个透视表进行筛选。例如，把字段"客户简称"拖放到筛选窗格后，就可以制作指定客户的报表，如图9-4所示。

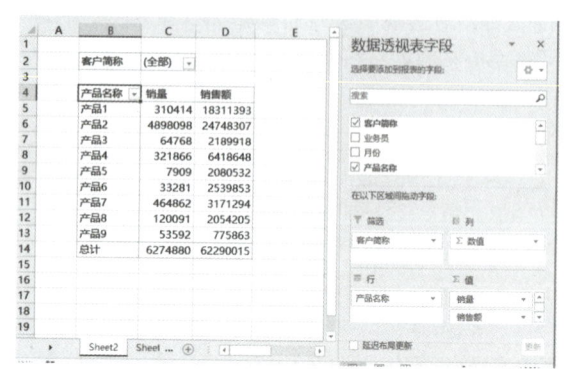

图9-4　建立筛选字段，对整个报表进行筛选

这样，就可以从字段"客户简称"中选择某个客户（如图9-5所示），得到该客户的销售产品报表，如图9-6所示。

默认情况下，筛选字段每次只能选择一个项目；如果要实现多选，需要在筛选窗格中勾选"选择多项"复选框，如图9-7所示。

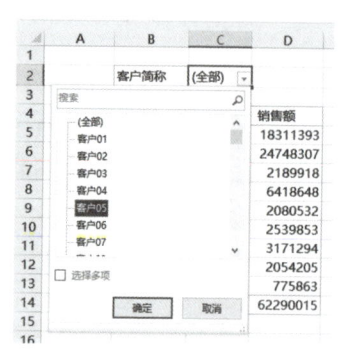

图9-5　筛选某个客户　　图9-6　指定客户的产品销售　　图9-7　筛选字段的项目多选

9.1.4 行

行又称行字段，用于在行方向布局字段的项目，也就是制作报表的行标题。如图9-8所示，B列就是把字段"产品名称"拖放到行窗格后的布局，在B列列出所有有数据的产品名称。

行窗格里可以布局多个字段，制作多层结构的报表。如图9-8所示是分析向各个客户销售产品的情况，这里就是在行窗格里拖放了"客户简称"和"产品名称"两个字段。

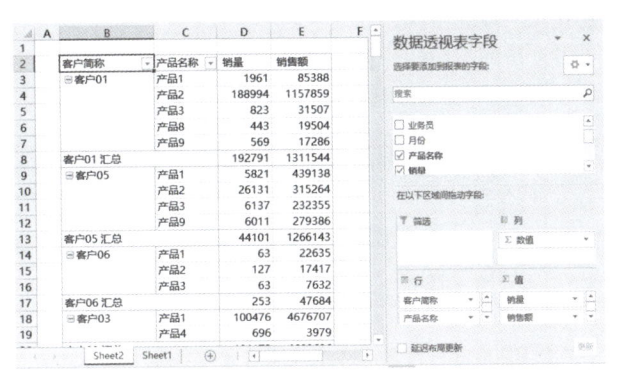

图9-8 在行区域内布局两个字段

默认情况下,每个行字段有其汇总数,称为"分类汇总",也就是小计。

如图9-8所示,在透视表中,外面的字段"客户简称"下就有"客户01汇总""客户05汇总"等。不过,最里面一层的字段是不显示分类汇总的,因为该字段的合计数就是本身了。

9.1.5 列

列又称列字段,用于在列方向布局字段的项目,也就是制作报表的列标题。

拖放到列窗格内的列字段,它会呈列布局该字段下的项目,生成列标题。图9-9所示就是把字段"月份"拖放到"列"区域后,制作每种产品、每个月的销量报表。

图9-9 把字段"月份"拖放到"列"区域内按月计算显示结果

列窗格里也可以布局多个字段,制作多层结构的报表。图 9-10 所示就是分析各种产品在各个月国内和国外的销售情况,这里就是在列窗格中拖放了"月份"和"市场"两个字段。

图9-10 列区域有两个字段,分层显示计算结果

默认情况下,每个列字段也有其小计数——"分类汇总"。例如,外层的字段"月份"下就有"1月汇总""2月汇总"等。

如果往值窗格拖放几个计算字段，这些字段会生成一个“∑数值”的字段，并出现在列区域中，自动形成了一个呈列布局的计算结果，如图 9-11 所示。

	月份	值						
	1月		2月		3月		4月	
产品名称	求和项:销量	求和项:销售额	求和项:销量	求和项:销售额	求和项:销量	求和项:销售额	求和项:销量	求和项:销售额
产品1	32522	2360793	10946	1036724	25372	1735875	49669	3098757
产品2	315729	1789430	587104	3447289	711497	4007236	610894	3199605
产品3	10756	371689	8605	277038	4745	170450	3670	142139
产品4	22968	583365	41127	819764	27523	752445	37520	803782
产品5	253	60143	759	216151	949	270189	380	90215
产品6					2278	190541	12338	931180
产品7								
产品8	95162	1568948	24486	465753	443	19504		
产品9								
总计	477389	6734369	673027	6262719	772808	7146241	714471	8265678

图9-11 列字段只有一个，计算字段有多个

9.1.6 值

值又称值字段，用于汇总计算指定的字段。例如，把字段“销量”拖放到值窗格内，就对该字段进行汇总计算。

一般情况下，如果是数值型字段，汇总计算方式自动是求和；如果是文本型字段，汇总计算方式自动是计数。

值字段的计算方式是可以改变的。例如，把计数改为求和，把求和改为计数或平均值等。

默认情况下，多个值字段会自动生成一个“∑数值”的字段，布局在列区域中，如图 9-12 所示；也可以手工调整将这个字段拖放到行区域，这样的布局在某些情况下会显得更清楚，如图 9-13 所示。

	市场	值				
	国内		国外		求和项:销量汇总	求和项:销售额汇总
产品名称	求和项:销量	求和项:销售额	求和项:销量	求和项:销售额		
产品1	181971	11252106.46	128443	7059286.989	310414	18311393.45
产品2	2965952	15022225.86	1932146	9726080.904	4898098	24748306.76
产品3	55467	1859063.484	9301	330854.1348	64768	2189917.619
产品4	237967	4690666.231	83899	1727982.261	321866	6418648.492
产品5	3442	822047.2804	4467	1258485.11	7909	2080532.391
产品6	8478	794910.9791	24803	1744942.45	33281	2539853.429
产品7	370396	2608216.034	94466	563078.2514	464862	3171294.285
产品8	79786	1177754.614	40304	876450.3459	120091	2054204.96
产品9	32712	615132.9832	20880	160730.3998	53592	775863.383
总计	3936172	38842123.92	2338709	23447890.85	6274880	62290014.77

图9-12 默认情况下“∑数值”字段布局在列区域中

		市场		
产品名称	值	国内	国外	总计
产品1	求和项:销量	181971	128443	310414
	求和项:销售额	11252106.46	7059286.989	18311393.45
产品2	求和项:销量	2965952	1932146	4898098
	求和项:销售额	15022225.86	9726080.904	24748306.76
产品3	求和项:销量	55467	9301	64768
	求和项:销售额	1859063.484	330854.1348	2189917.619
产品4	求和项:销量	237967	83899	321866
	求和项:销售额	4690666.231	1727982.261	6418648.492
产品5	求和项:销量	3442	4467	7909
	求和项:销售额	822047.2804	1258485.11	2080532.391
产品6	求和项:销量	8478	24803	33281
	求和项:销售额	794910.9791	1744942.45	2539853.429
产品7	求和项:销量	370396	94466	464862
	求和项:销售额	2608216.034	563078.2514	3171294.285
产品8	求和项:销量	79786	40304	120091
	求和项:销售额	1177754.614	876450.3459	2054204.96
产品9	求和项:销量	32712	20880	53592

Sheet2 Sheet3 Sheet1

图9-13 手工调整“∑数值”字段到行区域中

9.1.7 "数据透视表字段"窗格与普通报表的对应关系

在布局透视表之前，先看看"数据透视表字段"窗格中各个小窗格与普通报表的对应关系，如图9-14所示。

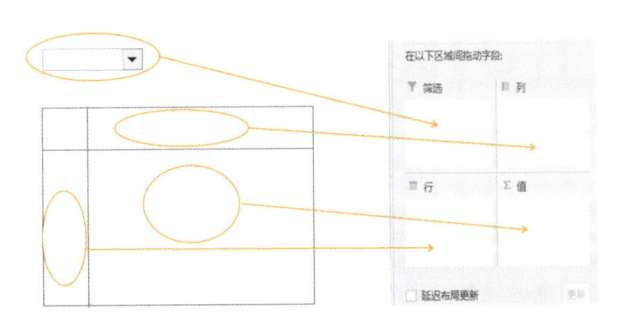

图9-14 "数据透视表字段"窗格与普通报表的对应关系

9.2 数据透视表的布局

数据透视表的布局就是对数据的组织和计算，即制作报表。因此，布局透视表是重要操作之一。

9.2.1 布局的基本方法

数据透视表布局是通过在"数据透视表字段"窗格中拖放字段完成的，也就是按住某个字段，将其拖放到筛选、列、行或值这4个小窗格中。

如果想要重新布局整个透视表，可以在字段列表中取消所有字段的选择（取消勾选），或者在"分析"选项卡中单击"清除"下拉按钮，在弹出的下拉菜单中选择"全部清除"命令，如图9-15所示。

图9-15 清除数据透视表的全部字段

9.2.2 布局的快速方法

用户也可以在字段列表中，在某个字段的左边打勾，进行快速布局。如果是文本型字段，会自动被放置"行"窗格内；如果是数值型字段，会自动被放置"值"窗格内。

但不论是否打勾、是什么字段，打勾后都不会被放置"列"窗格内。如果想在"列"窗格内布局字段，只有一个办法，就是"拖"。

需要注意的是，如果某个值字段中含有空单元格，那么该字段会被处理成文本型字段，被自动放置于"行"窗格内。

9.2.3 存在大量字段时如何快速找出某个字段

如果数据表有大量的字段，从数据透视表字段列表中手动查找某个字段是非常不方便的，此时可以利用数据透视表的"搜索"功能，在"搜索"栏中输入字段名称或关键词，就可以找到该字段（如图9-16所示），然后将该字段拖放到指定区域即可。

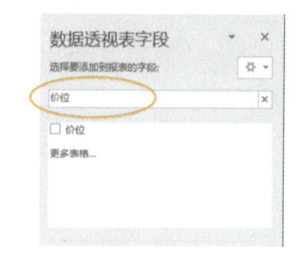

图9-16 搜索字段名称或关键字，快速选择字段

9.2.4 直接套用常见的数据透视表布局

如果已经创建了数据透视表，觉得布局起来比较麻烦，可以直接套用 Excel 给出的常见报表结构。在"分析"选项卡中单击"推荐的数据透视表"按钮（如图 9-17 所示），打开"推荐的数据透视表"对话框，选择满足要求的报表样式即可，如图 9-18 所示。

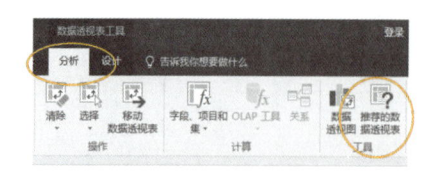

图9-17 单击"推荐的数据透视表"按钮

图9-18 "推荐的数据透视表"报表样式

9.2.5 延迟布局更新

每次拖放字段时数据透视表都会对所有字段重新计算一遍，当数据源的数据量很大时，这样的布局非常耗时。此时可以勾选"数据透视表字段"窗格底部的"延迟布局更新"复选框，如图 9-19 所示。这样，当拖放字段布局透视表时，数据透视表不会出现任何变化。当所有字段都布局完毕后，再单击旁边的"更新"按钮，对所有的字段统一计算，这样可以节省大量的时间。

图9-19 延迟布局更新

9.2.6 恢复经典的数据透视表布局方式

默认情况下，数据透视表只能在其右侧的"数据透视表字段"窗格里进行布局。我们也可以恢复 Excel 2003 版的经典布局方式，也就是直接往透视表中拖放字段，或者直接在透视表中拖放字段以改变其布局位置。

恢复经典的数据透视表布局的具体方法是在透视表中右击，在弹出的快捷菜单中选择"数据透视表选项"命令，如图9-20所示。

打开"数据透视表选项"对话框，切换到"显示"选项卡，勾选"经典数据透视表布局(启用网格中的字段拖放)"复选框，单击"确定"按钮，如图9-21所示。

图9-20 选择"数据透视表选项"命令 　　图9-21 恢复经典数据透视表布局

9.3 数据透视表工具

当创建数据透视表后，会在功能区出现一个"数据透视表工具"，它有"分析"和"设计"两个选项卡，如图9-22和图9-23所示。

图9-22 "数据透视表工具"的"分析"选项卡

图9-23 "数据透视表工具"的"设计"选项卡

在这两个选项卡中提供了很多功能，用于对透视表进行设计、布局、分析数据，在后面的章节中将介绍这些功能的用途。

9.3.1 "分析"选项卡

在"分析"选项卡中，从左到右，主要功能分别介绍如下。

1."数据透视表"功能组

"数据透视表"功能组内的主要功能是"选项"，直接单击此按钮，会打开"数据透视表选项"对话框，对透视表的主要项目进行设置。

如果单击该按钮右侧的下拉按钮，则会打开一个下拉菜单，如图 9-24 所示。其中有两个常用的命令——"选项"和"显示报表筛选页"，前者用于打开"数据透视表选项"对话框，后者用于批量制作明细表。

2."活动字段"功能组

"活动字段"功能组如图 9-25 所示。

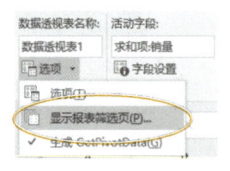

图9-24 "数据透视表"功能组　　图9-25 "活动字段"功能组

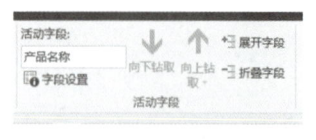

"活动字段"功能组内的主要功能是"字段设置"，单击此按钮，可以打开"字段设置"对话框。由于数据透视表有分类字段（放到行窗格、列窗格和筛选窗格内的字段）和值字段（放到值窗格内的字段）两类字段，它们的字段设置对话框不同，如图 9-26 和图 9-27 所示。

设置字段的相关命令，也可以在快捷菜单里找到。

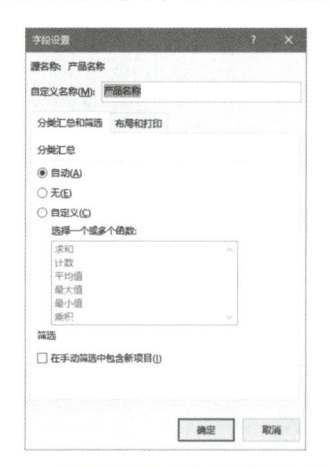

图9-26 分类字段的"字段设置"对话框　　图9-27 "值字段设置"对话框

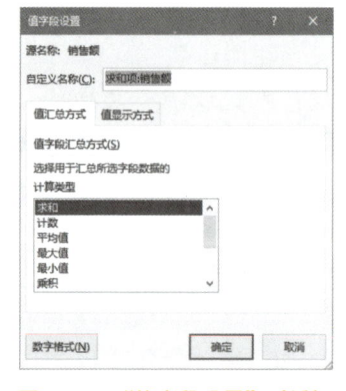

当行窗格和列窗格中放置了几个字段时，可以使用"展开字段"或"折叠字段"命令按钮将某个字段明细展开或折叠。同样，这两个命令按钮在快捷菜单里也有，使用更简单。

3."组合"功能组

"组合"功能组内有 3 个按钮，即"分组选择""取消组合""分组字段"，主要用于组合选定的字段项目、生成新的字段，或者取消已组合字段，如图 9-28 所示。这几个按钮在快捷菜单里同样也能找到。

图9-28 "组合"功能组

4."筛选"功能组

"筛选"功能组如图 9-29 所示，主要用于对透视表插入切片器、插入日程表，更加方便地对选定字段进行筛选。

图9-29 "筛选"功能组

5. "数据"功能组

"数据"功能组内有"刷新"和"更改数据源"两个按钮,如图 9-30 所示。前者用于刷新透视表,后者用于更改制作透视表的数据源区域。

图9-30 "数据"功能组

6. "操作"功能组

"操作"功能组中的按钮主要用于对数据透视表进行操作,如清除透视表数据、选择数据透视表、移动数据透视表等,如图 9-31 所示。

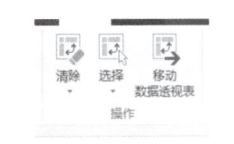

图9-31 "操作"功能组

7. "计算"功能组

"计算"功能组中的主要功能是"字段、项目和集"(如图 9-32 所示),用于对数据透视表添加计算字段和计算项,也就是在透视表里创建公式、创建新的汇总分析指标,具体用法后面章节会详细介绍。

图9-32 "计算"功能组

8. "工具"功能组

"工具"功能组中有"数据透视图"和"推荐的数据透视表"两个按钮,如图 9-33 所示。前者用于创建基于数据透视表的图表(称为数据透视图),后者用于选择推荐的透视表样式,快速得到已经格式化的报表格式。

图9-33 "工具"功能组

9. "显示"功能组

"显示"功能组内有"字段列表""+/- 按钮"和"字段标题" 3 个按钮,如图 9-34 所示。

单击"字段列表"按钮,显示或隐藏数据透视表右侧的"数据透视表字段"窗格。

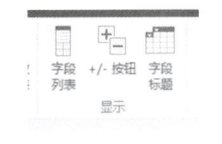

图9-34 "显示"功能组

单击"+/- 按钮"按钮,在分类字段单元格中显示或隐藏字段项目前面的折叠/展开按钮 ⊞ 和 ⊟。

单击"字段标题"按钮,显示或隐藏数据透视表的字段标题。

9.3.2 "设计"选项卡

在"设计"选项卡中,从左到右,主要功能分别介绍如下。

1. "布局"功能组

"布局"功能组主要用于对整个数据透视表的布局进行设置,包括"分类汇总""总计""报表布局""空行" 4 个按钮,如图 9-35 所示。

图9-35 "布局"功能组

- "分类汇总"按钮用于设置是否显示或隐藏字段的分类汇总(某个项目的小计数)。
- "总计"按钮用于设置是否显示数据透视表的两个总计(行总计和列总计,也就是数据透视表最下面和最右边的总计)。
- "报表布局"按钮用于设置整个报表的布局格式。数据透视表有 3 种报表布局,分别是压缩形式、大纲形式和表格形式。在默认情况下,建立的数据透视表都是压缩形式，也就是行分类字段都被压缩到一列，也可以设置为使用大纲形式或者表格形式使字段分列显示。

◎ "空行"按钮用于在每个项目后面插入空行或者删除空行。

2. "数据透视表样式选项"功能组

"数据透视表样式选项"功能组主要用于设置透视表的行列样式。例如，是否显示行标题和列标题、是否镶边，如图9-36所示。

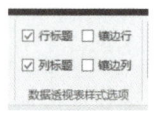

图9-36　"数据透视表样式选项"功能组

3. "数据透视表样式"功能组

"数据透视表样式"功能组主要用于设置整个数据透视表的样式，有浅色、中度和深色3种样式可供选择，如图9-37所示。

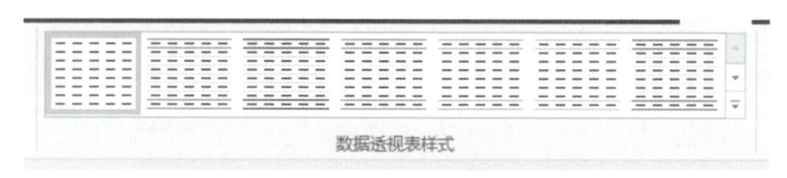

图9-37　"数据透视表样式"功能组

9.4 数据透视表的快捷菜单命令

数据透视表工具里的很多按钮都可以在右键快捷菜单中找到相应的命令，使用起来更加方便。在数据透视表中右击，就会弹出一个快捷菜单。

在分类字段和值字段的快捷菜单中，有些命令只有在对应类型的字段里才有。例如，对于分类字段有"组合"命令、"折叠/展开"命令；对于值字段有"汇总依据"命令、"值显示方式"命令等。

有些命令在所有字段的快捷菜单中都是存在的。例如"设置单元格格式""刷新""字段设置""数据透视表选项""显示字段列表"等。

如图9-38和图9-39所示就是两种类型字段的快捷菜单中的命令。

图9-38　分类字段的快捷菜单命令 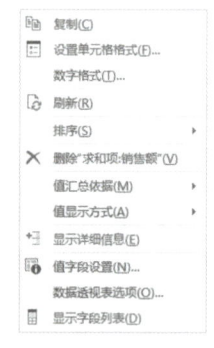　　　图9-39　值字段的快捷菜单命令

9.5 显示或隐藏数据透视表右侧的"数据透视表字段"窗格

创建数据透视表后，在表右侧将出现"数据透视表字段"窗格，以便于布局数据透视表。这个窗格占用了一部分屏幕，使本来视野不够的屏幕界面更加小了。此时，可以在布局完毕后关闭这个窗格。方法很简单，单击窗格右上角的 × 按钮即可，也可以在"显示"功能组中单击"字段列表"按钮。

如果想显示被关闭的"数据透视表字段"窗格，在透视表中右击，在弹出的快捷菜单中选择"显示字段列表"命令，或者单击"显示"功能组中的"字段列表"按钮即可。

第 10 章
数据透视表的设置与美化

制作完成的基本数据透视表，无论是外观样式，还是内部结构，都不是很美观，因此，需要进一步设计和美化，包括设计报表样式、设置报表显示方式、设置字段、合并单元格、修改名称、项目排序等。

10.1 设计透视表的样式

制作完成的基本数据透视表的样式如图 10-1 所示。下面讲解如何设置与美化透视表。

图10-1 基本数据透视表

10.1.1 套用一个现成的样式

美化的第一步是设置数据透视表的样式，从数据透视表样式集中选择一种样式即可。数据透视表样式集在数据透视表工具下的"设计"选项卡中，如图 10-2 所示。

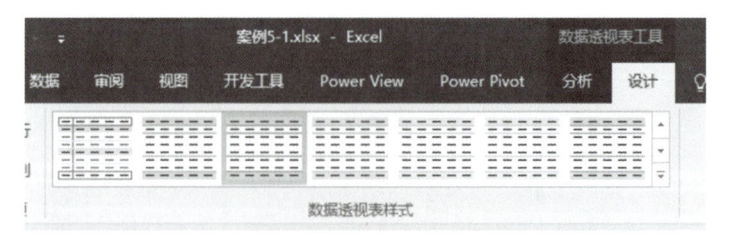

图10-2 数据透视表样式集

如图 10-3 所示是套用了一种浅灰色的样式效果。

图10-3 直接套用某种样式

10.1.2 清除样式是最常见的设置

尽管可以从数据透视表样式集中选择一种喜欢的样式,但这些样式都不怎么美观,尤其是要把汇总报告粘贴到 PPT 上的话,这样的报表样式就更不协调了。此时,可以清除样式,或者自己设计一套个性化的样式,如图10-4 所示。

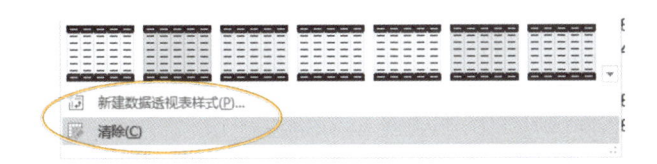

图10-4 清除或新建数据透视表样式

如图 10-5 所示是清除数据透视表默认样式后的报表。

图10-5 清除数据透视表默认样式后的报表

10.2 设计报表布局

如图 10-5 所示,报表的列标题和行标题是诸如"列标签""行标签"这样的字样,并不是字段的真实名称。此外,如果在行区域内放两个以上字段时,这几个字段并没有分列保存,而是被保存到一列中,但呈现树状结构的布局,如图 10-6 所示。出现以上问题是因为默认的数据透视表布局结构——压缩形式。

压缩形式显示的报表的所有字段都被压缩到了一列内，数据透视表也就无法给定一个明确的行标题了。

数据透视表的布局有以下 3 种情况。

- 以压缩形式显示。
- 以大纲形式显示。
- 以表格形式显示。

设置报表布局是使用"设计"选项卡中的"报表布局"按钮完成的，如图 10-7 所示。

图10-6　行区域内有多个字段时，这些字段数据都被保存到了一列内

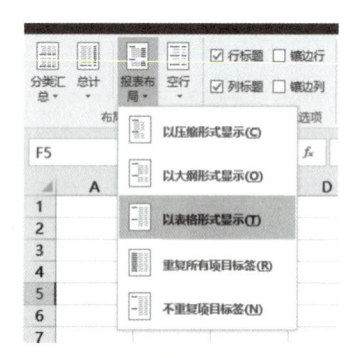

图10-7　设置数据透视表的报表布局

10.2.1　以压缩形式显示

在默认情况下，数据透视表的布局是压缩形式，如果有多个行字段，就会被压缩在一列里显示，此时最明显的标志就是行字段和列字段并不是真正的字段名称，而是默认的"行标签"和"列标签"。

这种压缩布局方式，在列字段较少（比如，仅仅两个字段）、结构简单的情况下，报告是很直观的，因为它是以一种树状结构来显示各层的关系。但是，如果列字段较多，这种布局就显得非常乱了。例如，将图 10-6 中的两个字段互换位置，品牌在外层，店铺在内层，报表就比较清楚了，如图 10-8 所示。

图10-8　两个分类字段，使用默认的压缩形式显示

10.2.2　以大纲形式显示

以大纲形式显示的报表会将多个列字段分成几列显示，同时其字段名称不再是默认的"列标签"和"行标签"，而是具体的字段名称，每个字段的分类汇总数（小计数），则会显示在该字段的顶部，如图 10-9 所示。

10.2.3　以表格形式显示

以表格形式显示的报表就是经典的数据透视表格式，它与"以大纲形式显示"的报表的唯一区别是每个字段的分类汇总数显示在字段的底部，如图 10-10 所示。

图10-9　以大纲形式显示的报表

图10-10　以表格形式显示的报表

10.3　修改字段名称

显示分类字段的真实名称，可以把数据透视表的报表布局设置为"以大纲形式显示"或者"以表格形式显示"。但是，值字段的名称会是诸如"计数项:***""求和项:***"这样的名称，需要进行修改。

10.3.1　在单元格中直接修改字段名称

修改字段名称最简单的方法是在单元格中直接修改。如图10-11就是修改值字段名称后的报告。

这里需要注意的是，修改后的新名称不能与原有字段名称重名。如果需要使用原来的字段名称，可以把"求和项:"或"计数项:"替换为一个空格，看起来似乎还是原来的字段名称，其实，每个字段名称前已经有了一个空格，这样修改后的名称就与原名称不一样了。

10.3.2　在"值字段设置"对话框中修改字段名称

还有一种方法是双击字段名称单元格，打开"值字段设置"对话框，从中修改字段名称，如图10-12所示。

图10-11　修改字段名称后的透视表

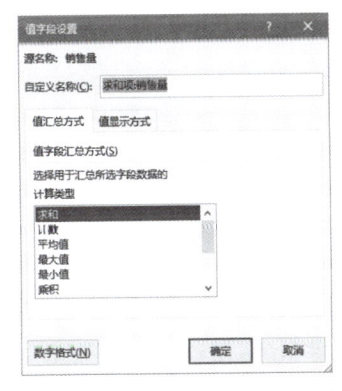

图10-12　在"值字段设置"对话框中修改字段名称

10.4 显示/隐藏字段的分类汇总

不论是行字段还是列字段，默认情况下都会有分类汇总，也就是常说的小计数。但这样的小计行或者小计列，会使报表看起来非常乱，如图10-13所示。此时，可以将分类汇总设置为隐藏字段。

图10-13 所有列字段都有分类汇总

10.4.1 设置某个字段的分类汇总

如果仅仅是不显示某个字段的分类汇总，如不显示品牌的分类汇总，就在字段"品牌"下右击，执行快捷菜单中的"分类汇总'品牌'"命令，即可取消该字段的分类汇总，如图10-14所示。

如果想再次显示该字段的分类汇总，就在该字段下右击，执行快捷菜单中的"分类汇总'品牌'"命令，如图10-15所示。

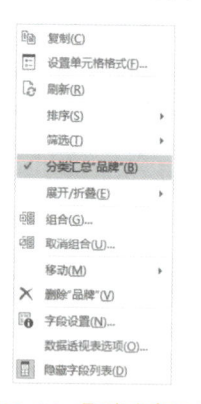

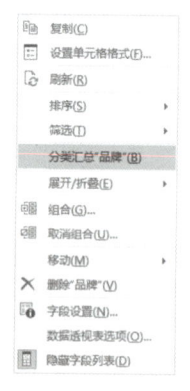

图10-14 取消分类汇总　　图10-15 准备再次显示分类汇总

10.4.2 设置所有字段的分类汇总

如果要取消或者显示所有字段的分类汇总，就不要逐个字段设置了，除非不觉得麻烦。此时，可以在"设计"选项卡中单击"分类汇总"下拉按钮，在弹出的下拉菜单中选择"不显示分类汇总"命令，如图10-16所示。

如图10-17所示是取消所有字段的分类汇总后的一个报表。

图10-16 选择"不显示分类汇总"命令　　图10-17 取消所有字段的分类汇总后的报表

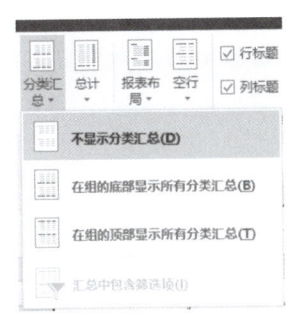

如果想再次显示所有字段的分类汇总，可以在"设计"选项卡中单击"分类汇总"下拉按钮，在弹出的下拉菜单中选择"在组的底部显示所有分类汇总"命令或者"在组的顶部显示所有分类汇总"命令。

10.5 显示/隐藏行总计和列总计

总计就是整个表格所有项目的合计数。由于报表有行也有列，因此总计也分行总计和列总计。

10.5.1 列总计和行总计的定义

默认情况下，在透视表的最下面有一个总计，称为列总计，即每列所有项目的合计数，不论有多少个行字段，这个总计总是显示为"总计"字样。

在透视表的右侧也有总计，称为行总计，即每行所有项目的合计数。如果值字段只有一个字段，那么这个总计显示为"总计"字样，如图10-18所示；如果值字段有多个，那么总计的名称不再显示为"总计"，而是显示为"求和项：＊＊＊汇总""计数项：＊＊＊汇总"的字样，如图10-19所示。

图10-18 只有一个值字段时，数据透视表下面和右面的两个总计

图10-19 有多个值字段时，数据透视表下面的总计和右面的多次汇总

10.5.2 显示或隐藏列总计和行总计

列总计和行总计是整个报表的每个字段项目的合计，可以显示，也可以不显示。显示或不显示的方法有很多。例如，通过"设计"选项卡中的"总计"按钮进行设置，如图10-20所示；或者在"数据透视表选项"对话框的"汇总和筛选"选项卡中进行设置，

如图 10-21 所示。

如果仅仅是不显示透视表的两个总计，那么可以使用快捷命令，即在总计所在单元格上右击，在弹出的快捷菜单中选择"删除总计"命令即可，如图 10-22 所示。

图10-20　在"总计"下拉菜单中设置

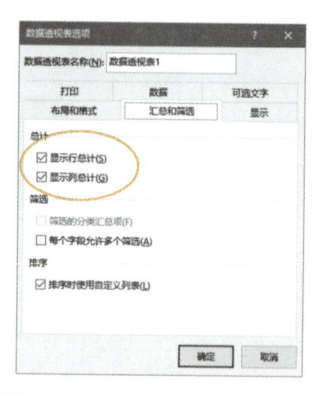

图10-21　在"数据透视表选项"对话框中设置

图10-22　在快捷菜单中选择"删除总计"命令

10.6　合并/取消合并标签单元格

扫码看视频

在图 10-17 所示的报表中，是不是特想把店铺名称所在的单元格合并起来？没关系，下面就教你如何操作。

这里不能使用普通的方法合并单元格，直接在功能区中单击"合并后居中"按钮，会出现一个警告对话框，警告你不能这么操作。

这么多大小不一的单元格区域都要合并，难道需要一个一个地进行？

10.6.1　合并标签单元格

在数据透视表中，可以通过设置数据透视表选项的方法来合并标签单元格，方法是在透视表中右击，在弹出的快捷菜单中选择"数据透视表选项"命令（如图 10-23 所示），打开"数据透视表选项"对话框，勾选"合并且居中排列带标签的单元格"复选框，如图 10-24 所示。

图10-23　选择"数据透视表选项"命令

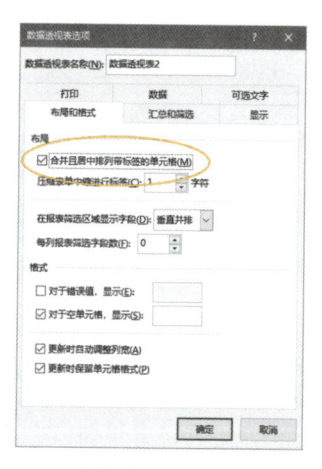

图10-24　合并数据透视表的标签单元格

如图 10-25 所示就是合并标签单元格后的报表。

图10-25　合并标签单元格1

将字段重新调整布局，合并单元格后报表就看得更清楚了，如图 10-26 所示。

图10-26　合并标签单元格2

10.6.2　取消合并标签单元格

如果要取消已合并的标签单元格，就再次打开"数据透视表选项"对话框，取消勾选"合并且居中排列带标签的单元格"复选框即可。

10.7　显示/隐藏字段无数据的项目

尽管透视表显示了字段下各个项目的计算结果，但是有时还会出现一些问题，需要认真对待。

在默认情况下，如果某个分类字段的项目没有数据，那么透视表不会在行标签或者列标签下显示该项目名称，这样会使得报表很难看，也显得不完整。如图 10-27 所示，对日期进行组合后，由于还没有 6 月以后的数据，因此 6 月以后的月份就不显示了，这就使报表结构不完整。

此时需要设置显示字段无数据的项目，在"字段设置"对话框的"布局和打印"选项卡中，勾选"显示无数据的项

图10-27　月份没有显示完整

目"复选框,如图10-28所示。单击"确定"按钮,设置为显示无数据的项目后的效果如图10-29所示。

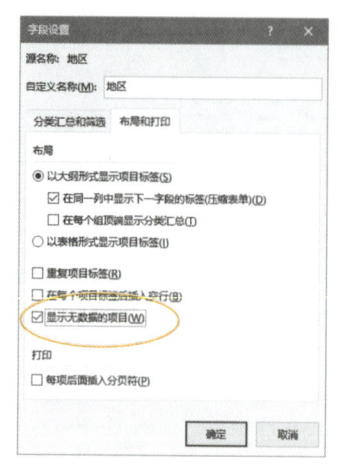

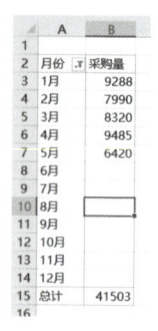

图10-28　勾选"显示无数据的项目"复选框　　　图10-29　设置为显示无数据的项目后的报表

10.8 对行字段和列字段的项目进行重新排序

在默认情况下,字段的项目都是按照常规排序规则进行排序的(字母拼音排序),这样的次序在大多数情况下并不能满足项目需求,需要重新对这些项目进行排序。

重新排序的方法有手工排序和自定义排序两种。

10.8.1 手工排序

案例10-1

步骤01　图10-30所示是两个分公司的管理费用汇总表,利用多重合并计算数据区域透视表对其进行了汇总分析,如图10-31所示。

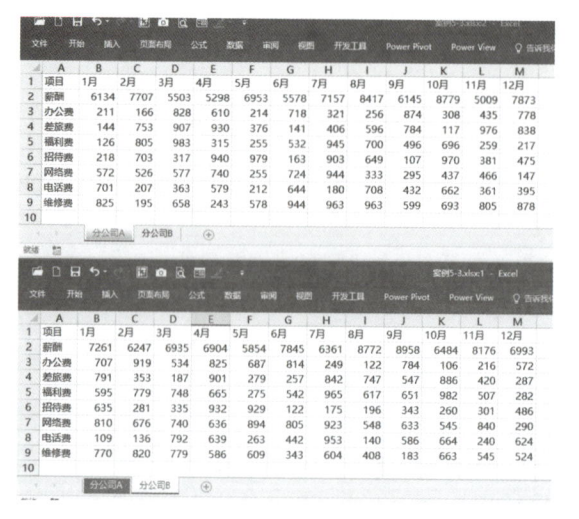

图10-30　两个分公司的管理费用汇总表

图10-31　对两个分公司的费用进行了汇总分析

但是，在图10-31中，月份字段下的10月、11月、12月被排到了1月的前面，这样是不合理的。此外，费用项目的次序也是按照拼音排序的。

如果要调整次序的项目不多，可以使用手工排序的方法来调整次序。

步骤 02　选择某个项目单元格（或者某几个连续项目单元格区域），将光标对准单元格的边框中间，出现上下左右4个小箭头后，按住鼠标左键不放，将该单元格（或单元格区域）拖放到指定的位置。

图10-32所示为手工调整后的月份次序和费用项目次序。

图10-32　手工调整项目的位置

10.8.2　自定义排序

若字段下的项目很多，手工调整项目次序是比较麻烦的，此时可以使用自定义排序的方法进行排序。方法是先定义一个自定义序列，然后进行自定义排序。

案例10-2

图10-33所示就是一个例子，利用多重合并计算数据区域透视表把两年的费用汇总分析，得到的透视表中，费用项目的次序已经不是原来规定的次序了。由于项目比较多，而且企业经常要做这样的统计分析，因此最好的办法是进行自定义排序。

图10-33　透视表中费用项目的次序混乱

步骤01 需要定义一个自定义序列。

打开"Excel 选项"对话框,切换到"高级"选项卡,单击"编辑自定义列表"按钮,如图 10-34 所示。

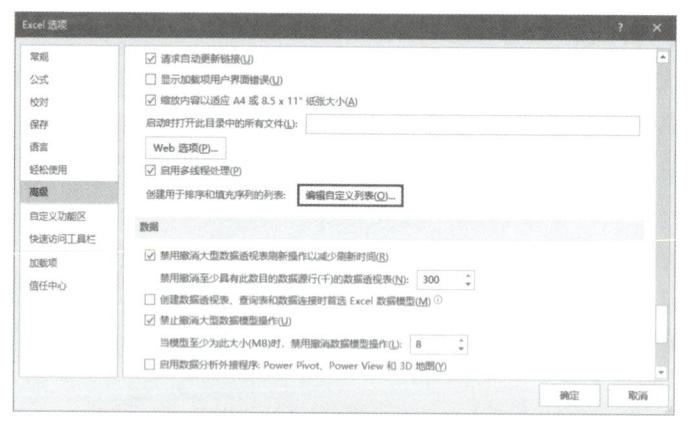

图10-34 在"Excel选项"对话框中单击"编辑自定义列表"按钮

步骤02 打开"选项"对话框,把光标移到右下角的"从单元格中导入序列"文本框中,从基础表格中引用项目名称区域,然后单击"导入"按钮(如图 10-35 所示),将该项目序列导入到 Excel 的自定义序列列表中。依次单击"确定"按钮,关闭"自定义序列"对话框和"Excel 选项"对话框。

步骤03 在字段"费用"一列右击,在弹出的快捷菜单中选择"排序"→"其他排序选项"命令,打开"排序(费用)"对话框,选中"升序排序(A 到 Z)依据:"单选按钮,如图 10-36 所示。

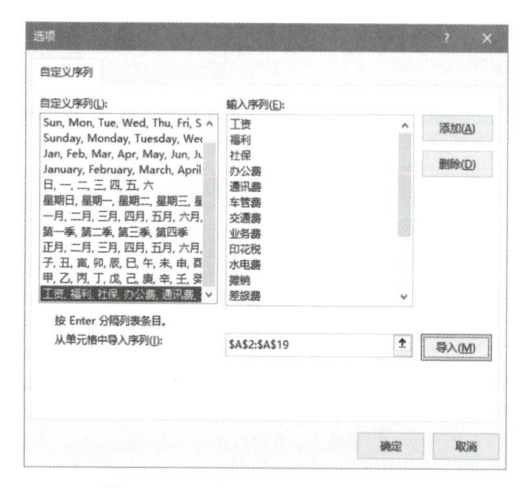

图10-35 为Excel添加自定义序列

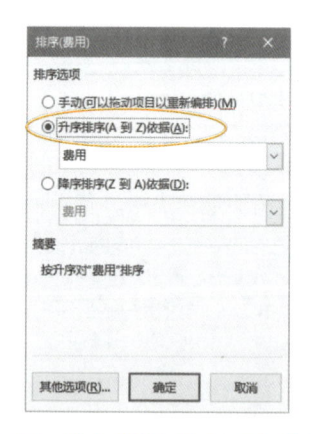

图10-36 选中"升序排序(A到Z)依据"单选按钮

步骤04 单击对话框左下角的"其他选项"按钮,打开"其他排序选项(费用)"对话框,取消勾选"每次更新报表时自动排序"复选框,并从"主关键字排序次序"下拉列表框中选择刚才定义的序列,同时选中"字母排序"单选按钮,如图 10-37 所示。

> **步骤 05** 单击"确定"按钮，关闭"其他排序选项（费用）"对话框和"排序（费用）"对话框，即可得到按照规定次序排序的数据透视表，如图10-38所示。

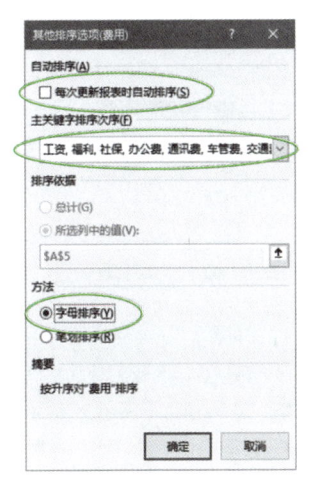

图10-37 取消自动排序，并选中"字母排序"单选按钮

图10-38 按照规定次序排序的数据透视表

> **说明**
>
> 一旦在Excel里添加了自定义序列，那么这个序列将永远存在。也就是说，任何一个工作表都可以使用这个序列进行自定义排序，也可以使用这个自定义序列快速填充输入数据。

10.9 设置值字段的汇总依据

在默认情况下，如果是数值型字段，计算结果是求和；如果是文本型字段，计算结果是计数。但是，实际中也会出现意料之外的结果。例如，本来应该是求和的，结果却是计数。下面介绍这个问题的解决方法。

经常会遇到这样的问题，明明该字段是金额，结果却是计数，而不是求和。具体可能存在以下问题。

- 如果某列是数值型字段，但该列存在空单元格，那么透视表自动把该字段汇总依据设置为计数。因为当某列存在空单元格时，透视表会认为该列是文本型字段。
- 如果选择了工作表整列区域创建数据透视表，也会出现这样的情况。
- 如果是文本型字段，当然就不能求和计算了，只好去计数了。

对于这样的问题，就需要重新设置值字段的汇总依据了。

设置方法很简单，在该字段位置右击，执行快捷菜单中的"值汇总依据"下的相关命令，如图10-39所示；或者执行快捷菜单中的"值字段设置"命令，打开"值字段设置"对话框，再进行设置，如图10-40所示。

图10-39 快捷菜单中的"值汇总依据"命令 　　图10-40 "值字段设置"对话框

10.10 设置值字段的数字格式

默认情况下，值字段的数字格式是常规格式。如果是自定义的计算字段，又会有很多小数点，使得报表很不美观。因此，设置值字段的数字格式也是一项非常重要的工作。

10.10.1 设置常规数字格式

很多人会这样设置值字段的数字格式：选择区域，打开"设置单元格格式"对话框设置格式，或者单击功能区的"数字格式"按钮设置格式。这些都不是正规的做法。

正规的做法是，在值字段的单元格上右击，在弹出的快捷菜单中选择"数字格式"命令（如图10-41所示），打开"设置单元格格式"对话框，然后设置数字格式，如图10-42所示。

图10-41 选择"数字格式"命令 　　图10-42 "设置单元格格式"对话框

> **注意**
>
> 此时的"设置单元格格式"对话框中只有一个"数字"选项卡，没有"边框""对齐""填充"等选项卡，因为这是设置数字格式。

10.10.2 设置自定义数字格式

在快捷菜单中选择"数字格式"命令，打开"设置单元格格式"对话框后，可以选择

“自定义”选项，然后对数字格式进行自定义，如缩位显示、根据数据大小做自动标注、自动变色、自动插入标识符号等。

如图 10-43 所示就是对 D 列的销售额缩小 1 万倍显示后的报表。缩小 1 万倍显示的自定义格式代码是 0!.0,。

如图 10-44 所示就是对各种产品的同比分析结果进行自定义格式设置。其中，“同比增减”的自定义数字格式为▲ [蓝色]0; ▼ [红色]0;0，“同比增长”的自定义数字格式为▲ [蓝色]0.0%; ▼ [红色]0.0%;0.0%。

品牌	价位	销售量（台）	销售额（万元）
⊟APPLE	1000-2000	23380	4413.9
	2000以上	11404	3779.5
	500以下	1284	62.7
⊟HUAWEI	1000-2000	188	26.7
	2000以上	3192	981.1
	500-1000	686	54.9
	500以下	1941	94.7
⊟MI	1000-2000	10110	1869.4
	2000以上	8648	1631.9
	500-1000	4146	331.7
⊟SAMSUNG	1000-2000	10513	1984.2
	2000以上	1656	1103.9
	500-1000	4632	370.6
	500以下	866	42.3
总计		82646	16747.2

图10-43　自定义数字格式

地区：(全部)

产品	去年销售	今年销售	同比增减	同比增长
产品1	417	315	▼102	▼24.5%
产品2	597	768	▲171	▲28.6%
产品3	642	511	▼131	▼20.4%
产品4	425	586	▲161	▲37.9%
产品5	789	727	▼62	▼7.9%
产品6	604	770	▲166	▲27.5%
产品7	466	752	▲286	▲61.4%
产品8	554	692	▲138	▲24.9%
总计	4494	5121	▲627	▲14.0%

图10-44　对值字段设置自定义数字格式

10.11 数据透视表的其他设置

数据透视表的美化是一项重要的工作，不仅仅是让报表美观，还要为以后的数据分析提供基础。下面再介绍几个常用的数据透视表设置技能。

10.11.1 重复项目标签

在有些情况下，需要利用函数从数据透视表中提取数据，当列字段有两个字段时，在外层字段中只有第一个单元格是有项目的，如图 10-45 所示。这时使用函数提取数据就非常不方便了。

此时，可以将这些项目重复填充，方法是在“设计”选项卡中单击“报表布局”下拉按钮，在弹出的下拉菜单中选择“重复所有项目标签”命令（如图 10-46 所示），就会把项目填充到所有的空单元格，如图 10-47 所示。

品牌	价位	销售量	销售额
APPLE	500以下	1284	626592
	1000-2000	23380	44139100
	2000以上	11404	37795064
HUAWEI	500以下	1941	947208
	1000-2000	188	266500
	2000以上	3192	9810672
	500-1000	686	548800
MI	1000-2000	10110	18694050
	2000以上	8648	16319000
	500-1000	4146	3316800
SAMSUNG	500以下	866	422608
	1000-2000	10513	19841524
	2000以上	1656	11038896
	500-1000	4632	3705600

图10-45　字段“品牌”下的项目只显示在第一个单元格

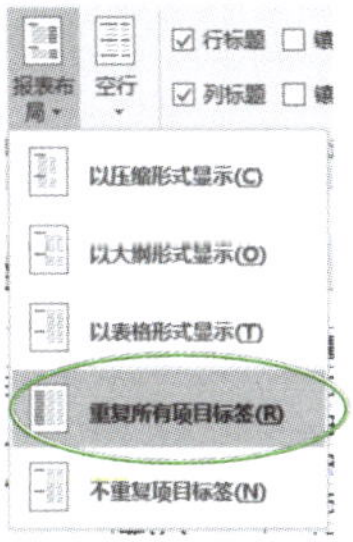

图10-46　选择“重复所有项目标签”命令

品牌	价位	销售量	销售额
APPLE	500以下	1284	626592
APPLE	1000-2000	23380	44139100
APPLE	2000以上	11404	37795064
HUAWEI	500以下	1941	947208
HUAWEI	1000-2000	188	266500
HUAWEI	2000以上	3192	9810672
HUAWEI	500-1000	686	548800
MI	1000-2000	10110	18694050
MI	2000以上	8648	16319000
MI	500-1000	4146	3316800
SAMSUNG	500以下	866	422608
SAMSUNG	1000-2000	10513	19841524
SAMSUNG	2000以上	1656	11038896
SAMSUNG	500-1000	4632	3705600

图10-47　填充字段的项目标签后的报表

"重复所有项目标签"命令下面有一个"不重复项目标签"命令，该命令则用于恢复默认的标签显示。

10.11.2 不显示数据透视表的错误值

为数据透视表添加计算字段或计算项目后，可能会出现错误的结果，如图10-48所示。这种错误值会影响后面的数据分析。

不显示错误值的方法是在"数据透视表选项"对话框中进行设置，即勾选"对于错误值，显示"复选框，并保持右侧的文本框为空，也就是把错误值显示为空单元格，如图10-49所示。不显示错误值的数据透视表如图10-50所示。

图10-48 数据透视表中的错误值

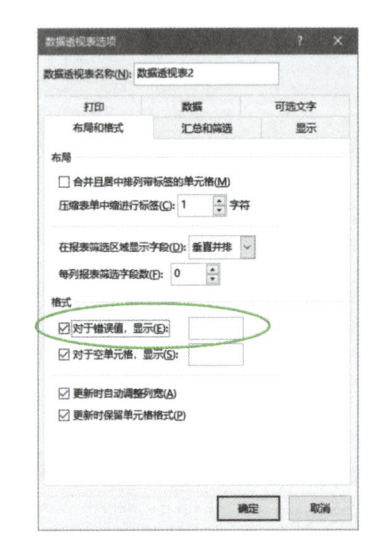

图10-49 勾选"对于错误值，显示"复选框

图10-50 不显示错误值的数据透视表

10.11.3 更新数据透视表时不自动调整列宽

有时会把数据透视表的列宽设置为固定值，但是如果刷新透视表，列宽又自动调整了。此时，可以在"数据透视表选项"对话框中取消勾选"更新时自动调整列宽"复选框，如图10-49所示。

10.11.4 在每个项目后面插入空行

为了使报表看起来更加清楚，或者为了其他分析做调整，又或者是为了打印报表，希望在字段下的每个项目后面插入空行。这样的设置很简单，只要在"设计"选项卡中单击"空行"下拉按钮，在弹出的下拉菜单中选择"在每个项目后插入空行"命令即可，如图10-51所示。每个项目后面插入空行后的报表如图10-52所示。

如果不想再要这些空行了，则选择"删除每个项目后的空行"命令即可。

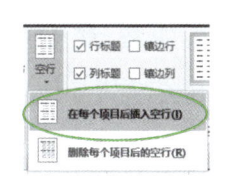

图10-51　选择"在每个项目后插入空行"命令　　　图10-52　每个项目后面插入空行后的报表

10.11.5　将筛选字段垂直或水平布局排列

默认情况下，筛选字段（页字段）会垂直排列，有时候这种排列看起来比较难看，如图10-53所示。

可以将这3个筛选字段水平布局排列，方法是：打开"数据透视表选项"对话框，在"布局和格式"选项卡中，从"在报表筛选区域显示字段"下拉列表框中选择"水平并排"，如图10-54所示。

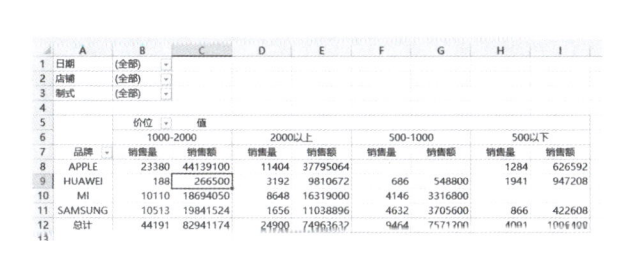

图10-53　3个筛选字段垂直排列在3个单元格　　　图10-54　选择"水平并排"

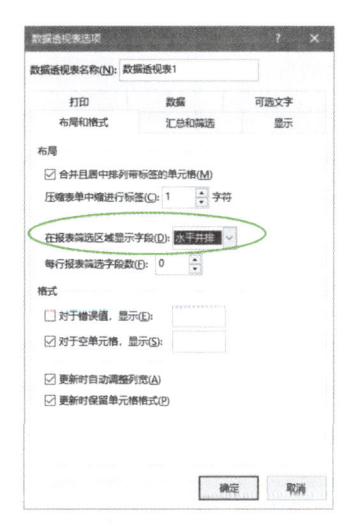

这样，数据透视表的筛选字段就变成了如图10-55所示的布局。

图10-55　水平并排几个筛选字段

10.11.6 显示/不显示"折叠/展开"按钮

如果有多个行字段和列字段，外层字段项目名称左侧都会有默认的"折叠/展开"按钮，单击这个按钮，可以很方便地折叠或展开某个项目下的明细。

但在大多数情况下，这个按钮的存在会让报表看着不舒服，不妨将其取消。方法很简单，在"设计"选项卡中单击"+/- 按钮"按钮即可，如图 10-56 所示。

在"设计"选项卡中单击"+/- 按钮"按钮，就不再显示"折叠/展开"按钮了。不显示"折叠/展开"按钮后的报表如图 10-57 所示。

图 10-56　显示或隐藏字段项目的"折叠/展开"按钮　　图 10-57　不显示"折叠/展开"按钮后的报表

如果想要再次显示这个"折叠/展开"按钮，就在"设计"选项卡中单击"+/- 按钮"按钮即可。

10.11.7 刷新数据透视表

当制作数据透视表的数据源数据发生改变时，已经完成的透视表是不能立即反映出最新变化的，这时需要手工刷新。方法很简单，右击，执行快捷菜单中的"刷新"命令即可。

如果是使用外部数据源的形式制作的数据透视表，还可以设置自动定时刷新频率。方法是打开"连接属性"对话框，勾选"刷新频率"复选框，在其右侧数值框中输入刷新频率时间即可，如图 10-58 所示。

如果想在打开工作簿时就自动刷新，可以勾选"打开文件时刷新数据"复选框。

但需要注意的是，默认情况下，刷新透视表会自动调整列宽。如果不想改变已经设置好的列宽等格式，可以在"数据透视表选项"对话框中取消勾选"更新时自动调整列宽"复选框。

图 10-58　对外部数据源制作的数据透视表设置自动刷新频率

第11章
利用数据透视表分析数据的实用技能

前面章节介绍了如何创建数据透视表，以及如何设置美化数据透视表。从本章开始，将系统介绍如何利用数据透视表分析和制作各种分析报告。这些常用的实用技能有以下 5 种。

- 布局。
- 排序筛选。
- 设置字段汇总依据。
- 设置值字段显示方式。
- 组合字段。

11.1 对数据透视表进行重新布局

不同的布局表达了不同的分析角度和分析结果，展示了不同的数据信息。所谓谋篇布局，取决于你对数据的理解和思考。

11.1.1 示例数据

◎ 案例11-1

图 11-1 所示为店铺销售月报数据，现在要对这个表格进行分析。

	A	B	C	D	E	F	G	H
1	日期	店铺	品牌	价位	制式	销售量	单价	金额
2	2018-5-1	西单店	APPLE	2000以上	联通	100	6666	666600
3	2018-5-1	东城店	SAMSUNG	500-1000	移动	343	800	274400
4	2018-5-1	中关村店	APPLE	1000-2000	联通	30	1875	56250
5	2018-5-1	东城店	MI	500-1000	移动	343	800	274400
6	2018-5-1	通州店	MI	1000-2000	联通	800	1888	1510400
7	2018-5-1	望京店	MI	2000以上	移动	54	1875	101250
8	2018-5-1	中关村店	HUAWEI	500以下	移动	321	488	156648
9	2018-5-1	东城店	HUAWEI	500以下	移动	40	800	32000
10	2018-5-1	宣武店	APPLE	2000以上	联通	800	1888	1510400
11	2018-5-1	宣武店	APPLE	1000-2000	电信	800	1888	1510400
12	2018-5-1	宣武店	APPLE	2000以上	联通	800	1888	1510400
13	2018-5-1	海淀店	SAMSUNG	1000-2000	联通	543	1888	1025184
14	2018-5-2	通州店	MI	1000-2000	联通	800	1888	1510400
15	2018-5-2	海淀店	SAMSUNG	1000-2000	移动	800	1888	1510400
16	2018-5-2	东城店	MI	500-1000	移动	40	800	32000
17	2018-5-2	中关村店	APPLE	2000以上	联通	30	1875	56250
18	2018-5-2	海淀店	SAMSUNG	1000-2000	联通	543	1888	1025184
19	2018-5-2	海淀店	SAMSUNG	1000-2000	联通	543	1888	1025184
20	2018-5-3	东单店	SAMSUNG	1000-2000	移动	54	1875	101250

图11-1　店铺销售月报数据

首先阅读表格，理解数据内在的信息，以及我们所关注的问题，经过分析得出以下 4 点。

（1）既然是店铺本月销售数据，那么，笫一步肯定分析各个店铺的经营业绩，而这个业绩以销售额来评价。

（2）表格是各个品牌手机的销售量，因此，就要重点分析各个品牌的销量（销售额是辅助分析指标），还要考核不同价位的销售分布。

（3）某个品牌手机，各个店铺销售情况怎么样？哪个店铺销售最好？这个销售分析也是使用销量来衡量的。

（4）客户买了手机后是哪个运营商？这就是制式分析，仍然使用销量来评价。

11.1.2 制作基本的分析报告

创建一个基本的数据透视表并进行美化，得到图 11-2 所示的基本数据透视表。下面就以此数据透视表为基础，通过布局制作各种分析报告。

首先分析各个店铺的经营业绩，以销售额为评价指标，因此，对数据透视表按图 11-3 所示进行布局调整。

图11-2 基本数据透视表　　　　图11-3 各个店铺的经营业绩（销售额）

如果要分析某个品牌手机在各个店铺的销售情况，则按图 11-4 所示进行布局调整，把品牌作为筛选字段，以查看任意品牌手机的销售情况。也可以按图 11-5 所示进行布局，全面比较各个店铺、各个品牌手机的销量。

图11-4 指定品牌手机在各个店铺的销售情况　　　　图11-5 各个店铺、各个品牌手机的销量

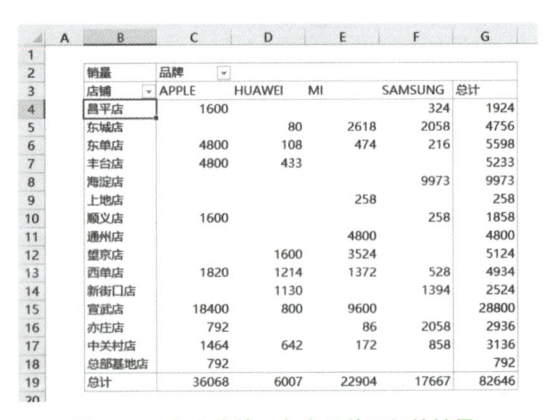

重新布局就得到了分析各个品牌手机销量和销售额的分析报告，如图 11-6 所示。

再次布局，分析各个品牌手机在不同价位的销售情况，用销量作分析指标，如图 11-7 所示。

图11-6　不同品牌手机的销量和销售额

图11-7　各个品牌手机在不同价位的销售情况

最后是分析各个运营商的分布，如图11-8所示。

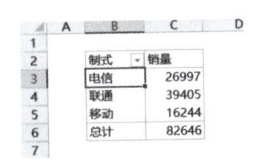

图11-8　手机销售情况的运营商分布

11.2 排序筛选找项目

在数据分析时，常常需要从海量数据中找出最有价值的信息。例如，销售最好的前10名客户，产品盈利贡献最大的前10种产品，销售业绩最好的前5名业务员；也会寻找最差的情况，如亏损最多的前5家店铺，业绩最差的5名业务员等。这种分析，只要联合使用排序和筛选就可以快速得到需要的报告。

案例11-2

示例数据如图11-9所示。下面介绍如何在数据透视表里利用排序和筛选分析数据。

图11-9　销售记录表

11.2.1 制作基本的数据透视表

首先创建一个基本数据透视表并美化，要求以销售额为计算字段、以客户为行字段，如图11-10所示。

11.2.2 数据排序做排名分析

下面对各个客户的销售额进行排名。

在C列销售额任一单元格中右击，在快捷菜单中选择"排序"→"降序"命令（如图11-11所示），就将各个客户的销售额从大到小进行了排序，如图11-12所示。

图11-10　各个客户的销售额统计

第11章　利用数据透视表分析数据的实用技能

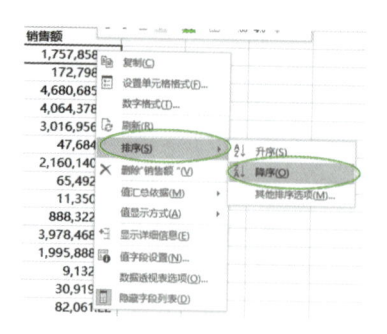

图11-11　选择"排序"→"降序"命令

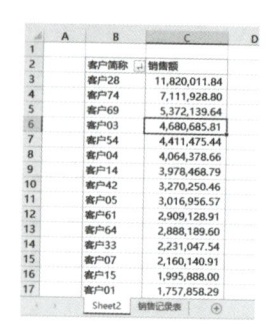

图11-12　降序排序后的报表

11.2.3　数据筛选寻找最好（最差）的几个项目

领导说："把销售最好的前10个客户找出来，我要看这几个客户是谁？"此时，可以对客户进行筛选，方法是：在B列"客户简称"的任一单元格中右击，在快捷菜单中选择"筛选"→"前10个"命令，如图11-13所示。

打开"前10个筛选(客户简称)"对话框，如图11-14所示。

图11-13　选择"筛选"→"前10个"命令

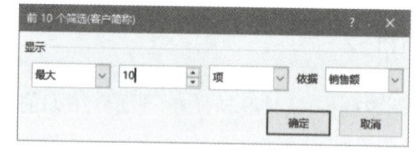

图11-14　"前10个筛选(客户简称)"对话框

> **说明**
>
> 如果是要筛选销售额最大的前10个，就保持默认设置；如果要筛选销售额最大的前5个，就把默认的10改为5；如果要找销售额最少的后5个客户，就从第一个下拉列表框中选择"最小"，并设置为5项。

单击"确定"按钮，即可得到图11-15所示的销售额前10个大客户报表。

如果数据透视表有两个以上的值字段，那么在筛选时就需要从最右侧的下拉列表框里选择要筛选的依据，如图11-16所示。

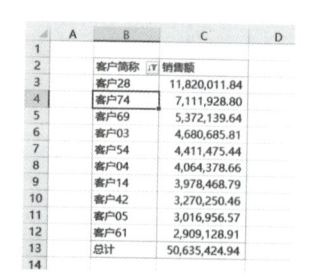

图11-15　销售额前10个大客户报表

图11-16　选择要筛选的依据

11.2.4 快速筛选保留选中的项目

还有一种仅仅显示筛选项目的方法，先在表格中选择需要筛选显示的项目，然后右击，在弹出的快捷菜单中选择"筛选"→"仅保留所选项目"命令。

如图 11-17 所示，选择"客户 01""客户 03""客户 04""客户 05""客户 07""客户 14"单元格后，执行"筛选"→"仅保留所选项目"命令，得到的结果如图 11-18 所示。

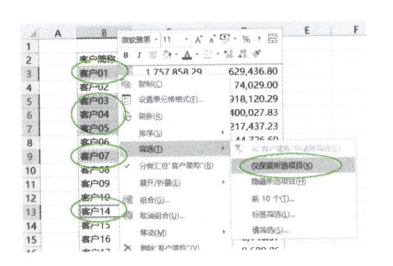

图11-17　先选择某几个客户再执行"仅保留所选项目"命令

图11-18　筛选出选定的客户

11.2.5 清除排序和筛选

如果要恢复排序和筛选前的报表状态，可以对分类字段进行默认的升序排序，并从分类字段中清除筛选，如图 11-19 所示。

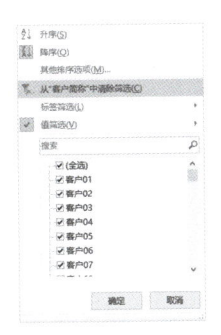

图11-19　清除所做的筛选

11.3 设置字段汇总依据

在默认情况下，值字段的汇总方式是，如果是数值，为求和；如果是文本，为计数。实际数据分析中，也可以根据实际需要，通过改变数据汇总方式来得到需要的报告。

11.3.1 设置字段汇总依据的基本方法

设置字段汇总方式是执行快捷菜单中的"值汇总依据"命令，如图 11-20 所示；或者是在"值字段设置"对话框中选择"值汇总方式"选项卡，如图 11-21 所示。常用的值汇总方式有以下 5 种。

- 计数。
- 求和。
- 最大值。
- 最小值。

◎ 平均值。

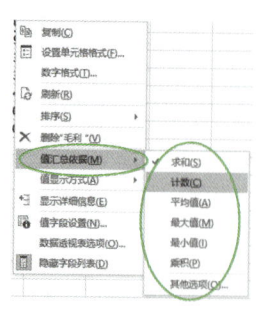

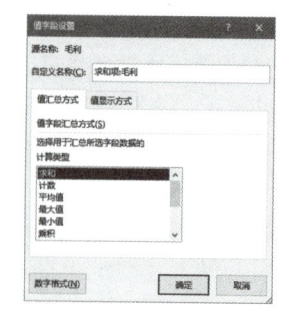

图11-20 "值汇总依据"命令　　图11-21 "值字段设置"对话框中的值汇总方式

下面介绍几个利用值汇总方式进行数据分析的实际案例。

11.3.2 应用案例1——员工工资分析

案例11-3

图11-22所示是工资表，现在要求统计每个部门的人数、最低工资、最高工资和人均工资。

图11-22 工资表

步骤01 首先创建一个基本的数据透视表，以"部门"为行字段，往值区域里拖一个字段"姓名"，再拖3个字段"应发合计"，然后清除透视表的样式，设置为以报表形式显示，得到图11-23所示的数据透视表。

图11-23 基本数据透视表布局

C列已经是计数了，这个结果就是各部门的人数。

步骤02 将D列的汇总依据设置为"最小值"，得到最低工资。

步骤03 将E列的汇总依据设置为"最大值"，得到最高工资。

步骤04 将F列的汇总依据设置为"平均值"，得到人均工资，如图11-24所示。

步骤 05 修改字段名称，设置数字格式，调整列宽，就得到了要求的分析报告，如图 11-25 所示。

图11-24 设置各列的汇总依据

图11-25 最终完成的分析报告

11.3.3 应用案例2——员工信息分析

案例11-4

图 11-26 所示是员工基本信息表，现在要求统计每个部门在职员工的人数、最小年龄、最大年龄和平均年龄。

图11-26 员工基本信息表

步骤 01 首先，创建一个基本数据透视表，其中将字段"离职时间"拖放到筛选区域，往值区域拖 1 个"姓名"字段和 3 个"年龄"字段，以"部门"为行字段，对透视表进行简单的美化。然后，从"离职时间"中筛选"(空白)"，即可得到一个在职人员的基本透视表，如图 11-27 所示。

步骤 02 对 3 个"年龄"字段分别设置值汇总依据，设置成最小值、最大值和平均值，最后修改字段名称，设置数字格式，即可得到要求的分析报告，如图 11-28 所示。

图11-27 制作基本的数据透视表

图11-28 每个部门在职员工的人数、最小年龄、最大年龄和平均年龄

11.3.4　应用案例3——销售分析

案例11-5

图11-29所示是店铺销售月报，现在要求统计自营店和加盟店在各个地区的门店数、销售总额和每家店铺的平均销售额。

最终的报告如图11-30所示。这个报告的制作方法很简单：行字段有两个，外层是"性质"，内层是"地区"；值字段有3个，一个是"店名"，另外两个均是"实际销售金额"。

字段"店名"的汇总依据已经是计数，一个"实际销售金额"的汇总依据也已经是求和，只需将另外一个"实际销售金额"的汇总依据设置为平均值即可。

图11-29　店铺销售月报

图11-30　自营店和加盟店在各个地区的销售统计报表

11.4　设置值字段显示方式

值字段的汇总计算结果显示出来的是求和或计数的实际值。不过，也可以改变汇总计算结果的显示方式，来制作需要的分析报告，如进行占比分析、环比分析、同比分析等。

设置字段显示方式的方法有两种：一种是在某个值字段汇总数值单元格中右击，执行快捷菜单中的"值显示方式"命令，就会弹出一系列的显示方式，如图11-31所示；另一种是打开"值字段设置"对话框，切换到"值显示方式"选项卡，从"值显示方式"的下拉列表框中选择显示方式，如图11-32所示。

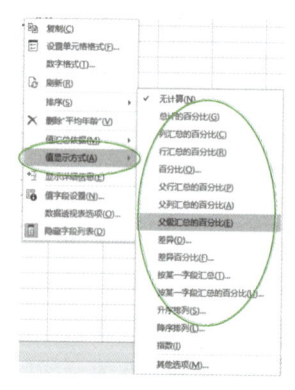

图11-31　"值显示方式"命令

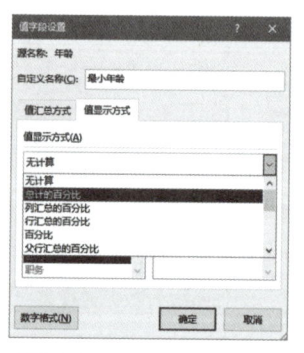

图11-32　"值字段设置"对话框里的"值显示方式"

对数据进行占比分析、差异分析、累计汇总分析时，这些命令（选项）都是非常有用的。下面结合实际案例进行详细介绍。

11.4.1 占比分析

占比分析就是分析某个类别下各个项目所占的百分比。根据具体的表格结构，可以是在列上计算百分比，也可以在行上计算百分比，或者计算每个大类下小类的局部百分比，或者全部项目占总数的百分比，或者以某个项目为基准，其他项目与其相比的结果。

在值字段显示方式中，下面的显示方式都是来做占比分析的。

- 总计的百分比。
- 列汇总的百分比。
- 行汇总的百分比。
- 百分比。
- 父行汇总的百分比。
- 父列汇总的百分比。
- 父级汇总的百分比。

案例11-6

图11-33所示为销售数据清单，现在要求对其销售数据进行一些基本的结构性分析。

根据此数据制作数据透视表，并进行美化，得到一个基本报表，如图11-34所示。

图11-33 销售数据清单

图11-34 基本数据透视表

下面将以这个报表为基础，进行各种字段显示方式设置，来制作结构分析报表。

1.总计的百分比

总计的百分比就是对所有项目的数据进行百分比计算，得到各个项目占全部数据总计的百分比。

将基本数据透视表复制一份，然后将字段"销量"的显示方式设置为"总计的百分比"，即可得到图11-35所示的结果。

这个报表有以下信息需要注意。

（1）最右侧"总计"列里的百分比数字，反映的是各种产品总销量的占比，可以看出产

图11-35 显示方式为总计的百分比

品2的销量占据了全部产品73%的份额。

（2）最下面"总计"行里的百分比数字，反映的是各个市场总销量的占比，可以看出北美销量占据了35%的份额。

（3）中间的各产品在各个市场的销量百分比数字，反映的是该产品在该市场的销量占全部销量的百分比。其中产品2在北美的销量占比最大，达26%。

2. 列汇总的百分比

列汇总的百分比就是在各列内进行百分比计算，计算该列内各个项目数据占该列总计的百分比。这样的报表用于分析某个类别下各个项目的占比情况，以了解各个项目的贡献大小。

将基本数据透视表复制一份，然后将字段"销量"的显示方式设置为"列汇总的百分比"，就得到了如图11-36所示的结果。

销量	市场				
产品名称	国内	亚洲	北美	欧洲	总计
产品1	6.60%	3.61%	6.00%	6.12%	5.69%
产品2	53.88%	84.47%	74.18%	77.36%	73.02%
产品3	0.95%	1.90%	0.90%	1.41%	1.24%
产品4	9.30%	5.36%	3.46%	7.75%	6.09%
产品5	0.27%	0.32%	0.05%	0.07%	0.15%
产品6	1.60%	0.53%	0.54%	0.11%	0.64%
产品7	8.74%	2.27%	13.78%	1.34%	7.32%
产品8	9.85%	0.50%	0.42%	0.49%	2.29%
产品9	8.80%	1.04%	0.65%	5.35%	3.55%
总计	100.00%	100.00%	100.00%	100.00%	100.00%

图11-36　显示方式为列汇总的百分比

这个报表分析的重点是分析各产品在各个市场销售的占比情况。例如，国内市场中，产品2销售最好，占比达54%；销售最差的是产品5，才占0.27%。

3. 行汇总的百分比

行汇总的百分比就是在各行内进行百分比计算，计算该行内各个项目数据占该行总计的百分比。

这样的报表也用于分析某个类别下各个项目的占比情况，以了解各个项目的贡献大小。

将基本数据透视表复制一份，然后将字段"销量"的显示方式设置为"行汇总的百分比"，就得到了如图11-37所示的结果。

销量	市场				
产品名称	国内	亚洲	北美	欧洲	总计
产品1	22.60%	12.07%	36.96%	28.37%	100.00%
产品2	14.39%	22.05%	35.61%	27.96%	100.00%
产品3	15.04%	29.28%	25.59%	30.08%	100.00%
产品4	29.76%	16.76%	19.91%	33.56%	100.00%
产品5	35.22%	40.46%	12.32%	12.00%	100.00%
产品6	49.24%	15.97%	30.04%	4.75%	100.00%
产品7	23.27%	5.92%	65.99%	4.82%	100.00%
产品8	83.77%	4.16%	6.48%	5.58%	100.00%
产品9	48.28%	5.57%	6.42%	39.72%	100.00%
总计	19.50%	19.06%	35.05%	26.39%	100.00%

图11-37　显示方式为行汇总的百分比

这个报表分析的重点是分析某种产品在各个市场销售的占比情况。例如，产品7在北美的销售最好，占比达 66%，而在欧洲销售最差，不到 5%。

4. 百分比

百分比就是在各行或者各列内，先指定一个基本项，然后计算其他各个项目与这个基本项的比例。

这种分析在某些场合是非常有用的，如：财务中的损益表分析，计算各个损益项目占第一项主营业务收入的比例。

将基本数据透视表复制一份，然后将字段"销量"的显示方式设置为"百分比"，打开"值显示方式（销量）"对话框，设置"基本字段"为"市场"，"基本项"为"国内"，如图 11-38 所示。

单击"确定"按钮，就得到了如图 11-39 所示的分析报告。

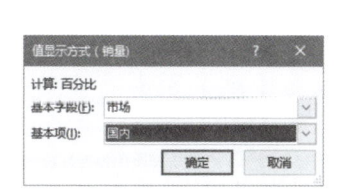

图 11-38 设置"百分比"显示方式的"基本字段"和"基本项"

图 11-39 显示方式为百分比

在这个报告中，各产品的分析都是以国内市场为比较对象，将其他市场与国内进行对比。

例如，产品 2 中亚洲、北美、欧洲的销售都比国内好。其中，亚洲销量是国内的近 1.5 倍；北美销量是国内的 2.47 倍；欧洲销量也是国内的近 2 倍。

产品 8 中亚洲、北美、欧洲的销售都比国内差，都是国内销量的 10% 不到。

最下面总计行的百分比反映了所有产品销量在各个市场的对比情况。所有产品中，除了亚洲销量跟国内基本持平外，欧洲和北美都远远好于国内市场。

下面将"百分比"显示方式的基本字段和基本项做个调整（如图 11-40 所示），得到另外一个分析报告，如图 11-41 所示。从这个报告中，你能得到什么结论？

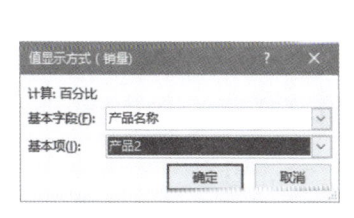

图 11-40 "值显示方式（销量）"对话框

图 11-41 所有产品与"产品2"的比较结果

一个最基本的结论就是 9 种产品中，其他 8 种产品的销量仅仅是产品 2 销量的 20% 不到，即产品 2 是公司的主打产品。

5. 父行汇总的百分比

所谓父行汇总的百分比，就是当在行标签里有两个以上的分类字段时，内层明细项目占上一层项目的百分比，也就是"儿子"占"老爸"的百分比。

将基本数据透视表复制一份，进行重新布局，行标签内外层字段是"产品名称"，内层字段是"市场"，值区域里放两个销量，如图 11-42 所示。

将第 2 列的销量显示方式设置为"父行汇总的百分比"，修改字段名称，就得到了如图 11-43 所示的分析报告。

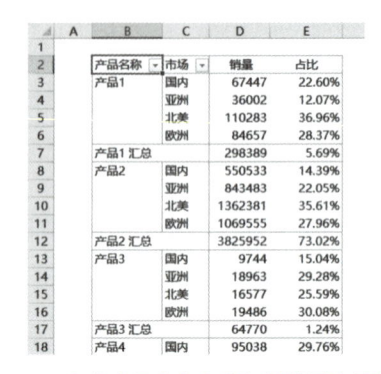

图11-42　重新布局透视表　　　　图11-43　各个产品在各个市场的销量占比分析

这个报表的 E 列百分比反映了两个信息。

（1）各产品销量占全国的百分比，也就是大比例。

（2）每种产品内部中，各个市场销量占该产品销量的百分比，也就是小比例。

例如，产品 1 销量占全部产品销量的 5.69%，而产品 1 在各个市场的销量中，国内、亚洲、北美和欧洲的销量分别占 22.60%、 12.07%、 36.96% 和 28.37%。

这种占比分析报告既可以看整体比例，又可以看内部比例，分析数据很有用的。例如，把行标签内的字段换成客户和产品，就得到了如图 11-44 所示的分析报告。在这个报告中，可以很清楚地看出各个客户销量占比，以及每个客户下的每种产品的销量占比。

图11-44　各个客户、各种产品的销量占比分析

6. 父列汇总的百分比

所谓父列汇总的百分比，就是当列标签里有两个以上的分类字段时，内层明细项目占上一层项目的百分比。这种占比分析，与父行汇总的百分比是一样的。

将基本数据透视表复制一份，将月份组合成季度（关于组合功能，后面将要详细介绍），重新布局透视表，得到如图 11-45 所示的各种产品在各个季度、各个市场的销售报表。

销量	季度	市场										
	一季度				一季度 汇总	二季度				二季度 汇总	三季	
产品名称	国内	亚洲	北美	欧洲		国内	亚洲	北美	欧洲		国内	亚洲
产品1	5948	7086	18348	28663	60045	42392	12339	25119	49731	129581	19107	16577
产品2	174885	226704	676382	169253	1247224	190197	402159	296495	195005	1083856	185451	214620
产品3	2785	8290	8289	4745	24109	3860	6178	3796	4176	18010	3099	4495
产品4	22147	6770	28851	31447	89215	30497	21006	13478	36065	101046	42394	25752
产品5	254	1366	152	190	1962	633	126	127	189	1075	1899	1709
产品6	1139	1139			2278	15249	4176	9997	1582	31004		
产品7						85670	253	253152	12591	351666	3607	22462
产品8	100603	4999	7783	6707	120092							
产品9				11199	11199						89910	10377
总计	307761	256354	739805	252204	1556124	368498	446237	602164	299339	1716238	345467	295992

图11-45　各种产品在各个季度、各个市场的销售报表

将字段“销量”的显示方式设置为“父列汇总的百分比”，如图 11-46 所示。

销量	季度	市场										
	一季度				一季度 汇总	二季度				二季度 汇总	三季度	
产品名称	国内	亚洲	北美	欧洲		国内	亚洲	北美	欧洲		国内	亚洲
产品1	9.91%	11.80%	30.56%	47.74%	20.12%	32.71%	9.52%	19.38%	38.38%	43.43%	17.57%	15.24%
产品2	14.02%	18.18%	54.23%	13.57%	32.60%	17.55%	37.10%	27.36%	17.99%	28.33%	12.41%	14.36%
产品3	11.55%	34.39%	34.38%	19.68%	37.22%	21.43%	34.30%	21.08%	23.19%	27.81%	13.68%	19.84%
产品4	24.82%	7.59%	32.34%	35.25%	27.94%	30.18%	20.79%	13.34%	35.69%	31.64%	32.84%	19.95%
产品5	12.95%	69.62%	7.75%	9.68%	24.80%	58.88%	11.72%	11.81%	17.58%	13.59%	38.96%	35.06%
产品6	50.00%	50.00%	0.00%	0.00%	6.84%	49.18%	13.47%	32.24%	5.10%	93.16%		
产品7					0.00%	24.36%	0.07%	71.99%	3.58%	91.67%	11.29%	70.30%
产品8	83.77%	4.16%	6.48%	5.58%	100.00%					0.00%		
产品9	0.00%	0.00%	0.00%	100.00%	6.01%					0.00%	51.37%	5.93%
总计	19.78%	16.47%	47.54%	16.21%	29.70%	21.47%	26.00%	35.09%	17.44%	32.76%	17.56%	15.05%

图11-46　分析各种产品在各季度、各个市场的销售情况

这个报告分析的重点是某种产品在各个季度的销售市场占比分析。例如，产品 2 一季度销量占全年销售的 32.60%、二季度占全年的 28.33% 等。

在一季度中，产品 2 销往各个市场的占比分别是国内 14.02%、亚洲 18.18%、北美 54.23%、欧洲 13.57%，即在一季度中北美销售最好，占据了一半以上份额。

而在二季度中，产品 2 销往各个市场的占比分别是国内 17.55%、亚洲 37.108%、北美 27.36%、欧洲 17.99%，即在二季度中亚洲销售最好，北美销售大幅下滑。

7. 父级汇总的百分比

父级汇总的百分比就是仅仅计算下一级明细的局部百分比，而上一级项目就不再计算占整个表格总计的百分比了，结果如图 11-47 所示（可与图 11-43 比较，看看有什么区别）。

产品名称	市场	销量	占比
产品1	国内	67447	22.60%
	亚洲	36002	12.07%
	北美	110283	36.96%
	欧洲	84657	28.37%
产品1 汇总		298389	100.00%
产品2	国内	550533	14.39%
	亚洲	843483	22.05%
	北美	1362381	35.61%
	欧洲	1069555	27.96%
产品2 汇总		3825952	100.00%
产品3	国内	9744	15.04%
	亚洲	18963	29.28%
	北美	16577	25.59%
	欧洲	19486	30.08%
产品3 汇总		64770	100.00%
产品4	国内	95038	29.76%

图11-47　父级汇总的百分比

11.4.2　差异分析

差异分析就是以某个项目为基准，计算其他项目与该基准项目的差异值、差异百分比值。在实际工作中，这种分析多用于同比分析、环比分析、预算分析、偏差分析等。

值字段的显示方式中，有两个方式可以用来做差异分析，分别是差异和差异百分比。

◎ 差异是计算两个项目之间的差异值。
◎ 差异百分比是计算两个项目之间的差异百分比值。

不管是哪种显示方式，都是在同一个字段内对该字段下的项目进行比较，而不是不同字段之间的比较，这点要特别注意。

例如，要对各月的销售做环比分析，看看各种产品各月的增长情况，就可以制作如图11-48所示的分析报告。

这个报告制作并不复杂，下面是具体的操作步骤。

步骤01 将基础数据透视表复制一份，重新布局，将字段"产品名称"和"市场"拖放到筛选区域，将字段"月份"拖放到行区域，在值区域内拖放3个销量，如图11-49所示。

图11-48　各月销售环比分析报告　　　图11-49　重新布局数据透视表

步骤02 单击第2个销量列（就是图11-44中的D列）的某个单元格，右击，执行快捷菜单中的"值显示方式"→"差异"命令，打开"值显示方式"对话框，设置"基本字段"为"月份"，"基本项"为"(上一个)"，单击"确定"按钮，如图11-50所示。

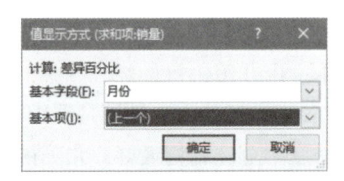

图11-50　"显示值方式"对话框

这样，就将D列的销量显示为了每个月与上个月的差异值（就是本月数减去上月数的差值）。

步骤03 对第3个销量列（就是图11-49中的E列）设置"值显示方式"为"差异百分比"，设置方法与上面一样，将E列的销量显示为每个月与上个月的差异百分比（就是本月数减去上月数的差值，再除以上月数）。

步骤04 修改字段名称，调整列宽，就得到了需要的报表。

这样的报表数字显得不够清晰，首先把差异值和百分比自定义数字格式，然后绘制一个图表，其中当月数绘制成柱形，绘制在主坐标轴上，环比增长率绘制成折线，绘制在次坐标轴上，如图11-51所示。

图11-51　表图结合的分析报告

11.4.3　累计分析

在实际数据分析中也经常要计算累计值，如按月计算累计值、按照客户计算累计值以快速找到销售额占70%的前几个客户等，这些也都可以通过设置字段的显示方式来完成。

计算累计值的主要显示方式有以下两种。

- 按某一字段汇总是指定某一字段，计算累计值。
- 按某一字段汇总的百分比是指定某一字段，计算累计值的百分比。

1. 按某一字段汇总

图11-52所示是分析各个月销售情况，统计指标为当月数和累计数。这是一个典型的利用字段显示方式得到的报告。

这个报告的制作步骤如下。

步骤01　复制一份基本数据透视表，按图11-53所示进行布局，在值区域内拖放两个销量。

图11-52　月度跟踪分析报告　　　图11-53　重新布局透视表

步骤02　在第2个销量汇总单元格中右击，执行快捷菜单中的"值显示方式"→"按某一字段汇总"命令，打开"值显示方式（求和项：销量2）"对话框，设置"基本字段"为"月份"，如图11-54所示。

步骤03　单击"确定"按钮，就得到了如图11-55所示的数据透视表。

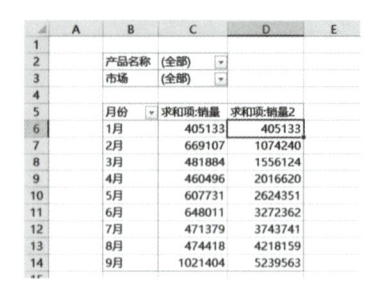

图11-54 "基本字段"选择"月份"　　图11-55 将第2个销量显示为按月份累计汇总计算

步骤 04 修改字段名称、调整列宽即可。

2. 按某一字段汇总的百分比

累计销售额占全部销售额达70%的是哪些客户？怎样寻找这些客户？一次简单的百分比设置，就能迅速得到想要的结果。

将值字段设置为"按某一字段汇总的百分比"的显示方式，就是计算指定字段下各个项目累计值的百分比，这个百分比是逐渐累计增加的，到最后一个项目，累计百分比就是100%了。

将基本数据透视表复制一份，重新布局，以销售额为值字段，拖2个进去，然后对销售额进行降序排序，得到如图11-56所示的数据透视表。

将第2个销售额的值显示方式设置为"按某一字段汇总的百分比"，此时基本字段是"客户简称"，就得到了如图11-57所示的数据透视表。

最后修改字段名称，并使用条件格式自动标注满足条件的客户数据，结果如图11-58所示。

图11-56 重新布局数据透视表

图11-57 第2个销售额显示方式设置为"按某一字段汇总的百分比"

图11-58 销售额总计占比达70%的客户

11.4.4 恢复默认的显示方式

如果不想再保留已经设置好的显示方式报表，可以采用下面的两种方法之一。

方法1：如果仅仅是一个字段的显示方式，把字段显示方式设置为"无计算"即可。

方法2：如果是既有实际值也有显示方式值的透视表，只需把那个显示方式值字段拖出透视表即可。

11.5 组合字段

不论是文本型字段，还是日期型字段，或者数字型字段，都可以通过组合功能来生成新的字段，从而得到新的分类，进行更深入的分析。

数据透视表的组合，可通过快捷菜单里的"组合"命令来完成；而取消组合、恢复默认，则可利用"取消组合"命令来完成，如图11-59所示。当然，也可以使用"分析"选项卡中的"组合"功能组，不过不太常用。

图11-59 快捷菜单中的"组合"命令和"取消组合"命令

11.5.1 组合日期，制作年、季度、月度汇总报告

对于日期型字段，可以自动组合成年、季度、月，从而可以对一个流水日期数据进行更加深入的分析。但是，如果要按照周来分析数据，则需要从原始数据入手，增加一个计算周次的辅助列了。

案例11-7

图11-60所示是一年的销售明细数据，按照日期来记录的。现在要求制作一个分析报告，查看指定产品各个月、各个季度的销售额。

步骤01 以基础数据创建一个数据透视表，进行布局并美化，得到基本数据透视表。

如果是用Excel 2016版制作的数据透视表，会直接按月汇总，如图11-61所示。

图11-60 销售流水记录

图11-61 用Excel 2016版制作的数据透视表

如果是用Excel 2010版制作的数据透视表，则会以最基本的日进行汇总，如图11-62所示。

步骤02 在日期列右击，执行快捷菜单中的"组合"命令，打开"组合"对话框，起始日期和终止日期保持默认的自动选择，在"步长"列表框中选择"月"和"季度"，如图11-63所示。

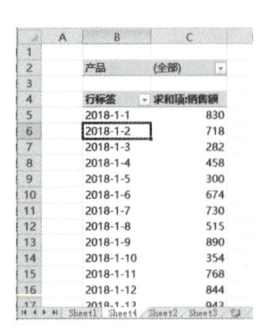

图11-62 用Excel 2010版制作的数据透视表　　图11-63 "组合"对话框

步骤 03 单击"确定"按钮，就得到了如图11-64所示的按季度和月份汇总的报告。

步骤 04 美化透视表，修改字段名称，分析报告如图11-65所示。

图11-64 按照季度和月份汇总的报告　　图11-65 美化、修改后季度和月份汇总的报告

对于这个报告，还可以继续处理。例如，把"月份"字段拖走，就是季度数据，如图11-66所示；把"季度"字段拖走，就是月份数据，如图11-67所示。

图11-66 季度分析报告　　图11-67 月度分析报告

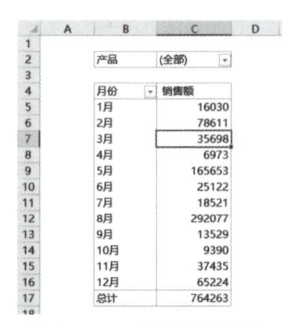

对于这样的分析报告，最好再联合使用数据透视图来可视化数据，如图11-68所示。

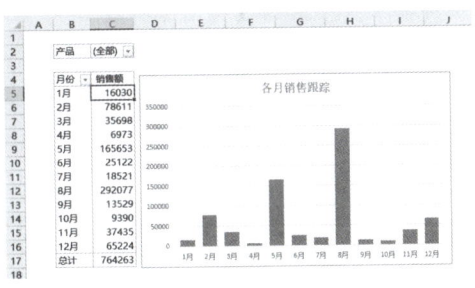

图11-68　月度销售跟踪分析：表+图

11.5.2　组合时间，跟踪每天、每小时、每分钟的数据变化

对于时间型字段，可以自动组合成小时、分钟、秒，这样就可以分析每天、每小时、每分钟的数据变化，这在电商数据分析中是非常有用的。

案例11-8

图11-69所示是某电商2018年订单流水明细，现在要分析每天的订单量变化。具体操作步骤如下。

步骤01　以此数据创建一个基本的数据透视表，并进行美化，如图11-70所示。注意，Excel 2016版制作的数据透视表会自动得到一个月组合字段，这里已经将其取消了。

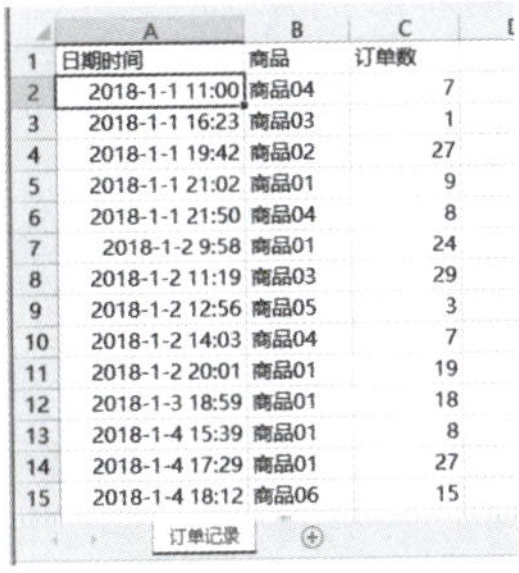

图11-69　订单记录　　　　　图11-70　基本数据透视表

步骤02　在"日期时间"列中右击，执行快捷菜单中的"组合"命令，打开"组合"对话框，在"步长"列表框中选择"日"，设置"天数"为"1"，如图11-71所示。

步骤03　单击"确定"按钮，就得到了如图11-72所示按日组合的统计报表。

图11-71　设置"步长"为"日"，"天数"为"1"　　　　图11-72　按日组合的统计报表

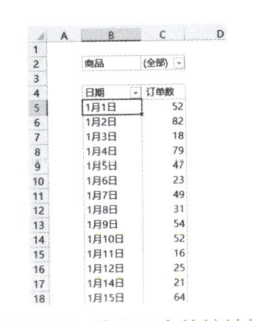

步骤 04 对这个报表再插入一个数据透视图（折线图），分析结果就更清楚了，如图11-73所示。

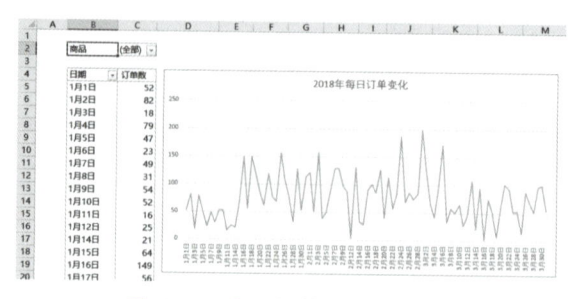

图11-73 每日订单跟踪分析报告

在上面的例子中，如果要分析每种商品、每天、每个时间段内的订单数，又该如何做呢？

此时，只需要在"步长"列表框中同时选择"小时"和"日"（如图11-74所示），即可得到如图11-75所示的数据透视表。

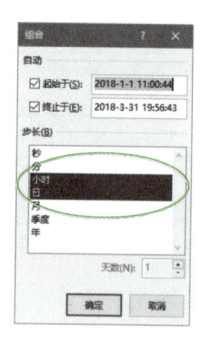

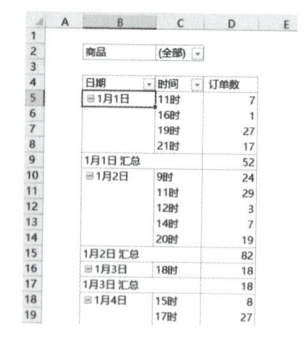

图11-74 在"步长"列表框中选择"小时"和"日"　　图11-75 按小时和日组合的汇总分析报告

再对这个数据透视表进行重新布局，以"日期"为行字段，以"时间"为列字段，效果如图11-76所示。

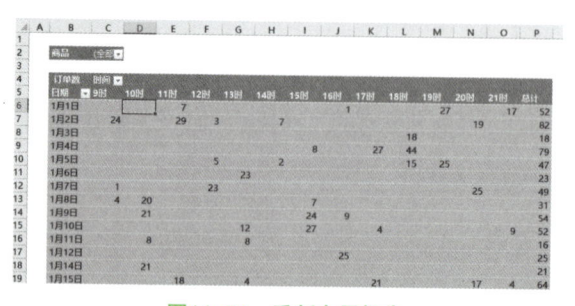

图11-76 重新布局报告

11.5.3 组合数字，分析指定区间内的数据——员工信息分析

对于数字型字段，也可以进行自动分组分析，如分析各个年龄段的人数、各个工资区间内的人数和人均工资等。

案例11-9

图11-77所示是一个员工基本信息表，现在要求制作以下两个报告。

（1）每个部门、各个年龄段的人数。

（2）每个部门、各个工龄段的人数。

图11-77 员工基本信息表

下面先制作年龄分组分析报告。

步骤01 以此数据创建一个基本的数据透视表并进行美化，效果如图11-78所示。

图11-78 基本数据透视表

步骤02 在年龄的任一单元格中右击，执行快捷菜单中的"组合"命令，打开"组合"对话框，根据需要分别设置"起始于""终止于""步长"3项，这里从26岁开始，到55岁结束，每隔5岁一组，如图11-79所示。

步骤03 单击"确定"按钮，就得到了如图11-80所示的报表。

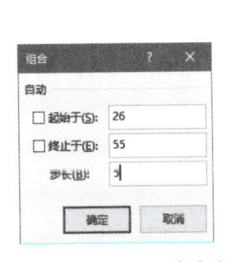

图11-79 设置组合参数

图11-80 年龄组合后的报表

步骤04 再把年龄组合后的"年龄"字段名称修改为合适的名称，如图11-81所示。

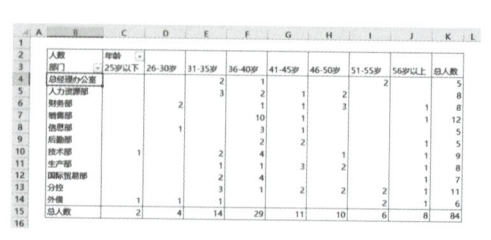

图11-81　最后的年龄分布报表

工龄分布报表的制作过程是一样的，如图11-82所示是结果，请读者自行练习。

图11-82　各部门工龄分布分析报表

11.5.4　组合数字，分析指定区间内的数据——工资数据分析

领导说："把这个月的工资分析一下，看看每个工资段的人数。"这样的报告怎样才能快速地完成制作呢？

案例11-10

图11-83所示就是某公司6月份的工资表，现在要查看每个部门各个工资区间（用应付工资来分析）的人数和人均工资。

图11-83　某公司6月份工资表

步骤01 以此数据创建一个基本的数据透视表并进行美化，效果如图11-84所示。这里，行区域为"部门"字段，列区域为"应付工资"字段。

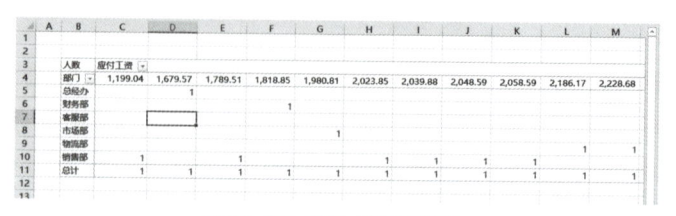

图11-84　基本数据透视表

步骤 02 在应付工资的任一单元格中单击鼠标右键，执行快捷菜单中的"组合"命令，打开"组合"对话框，根据需要分别设置"起始于""终止于"和"步长"3项，这里从3000元开始，到10000元结束，每隔1000元一组，如图11-85所示。

步骤 03 单击"确定"按钮，就得到了如图11-86所示各个工资区间的人数分布报表。

图11-85 设置组合参数　　图11-86 各个部门、各个工资区间的人数

如果还想分析每个部门每个工资区间的人均工资，就再拖一个应付工资到值区域，并将其汇总依据设置为平均值，就得到了如图11-87所示的报表。

图11-87 各个部门、各个工资区间的人数和人均工资

11.5.5　组合数字，分析指定区间内的数据——销售分析

在销售分析中，有时候需要关注商品在哪个销量区间的订单最多，以便针对不同销量区间制定更为优惠的促销措施，此时，就可以利用数据透视表的组合功能来快速制作这样的分析报表。

案例11-11

图11-88所示为销售记录表，现在要求分析每种产品不同销量的订单数分布。

图11-88 销售记录表

步骤 01 以此数据创建一个基本数据透视表并进行美化，如图11-89所示。这里，行区域为"销量"字段，列区域为"存货名称"字段，值区域为"销量"字段，并将这个销量

的汇总依据设置为计数。

步骤02 在B列的销量任一单元格中右击,执行快捷菜单中的"组合"命令,打开"组合"对话框,根据需要分别设置"起始于""终止于""步长"3项,这里从1000元开始,到10000元结束,每隔1000元一组,如图11-90所示。

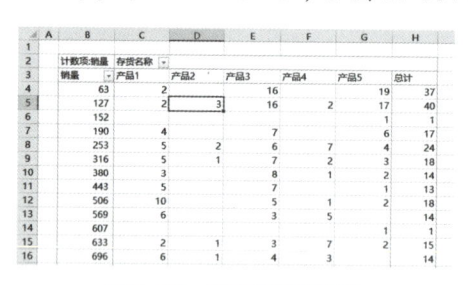

图11-89 基本数据透视表　　图11-90 设置组合参数

步骤03 单击"确定"按钮,就得到了图11-91所示的报表。最后要注意将B2单元格的名称修改为"订单数"。

图11-91 按销量区间分析订单数

在这个报告基础上,也可以将产品名称作为筛选字段,绘制一个柱形图,以便分析各种产品的销售情况,如图11-92所示。

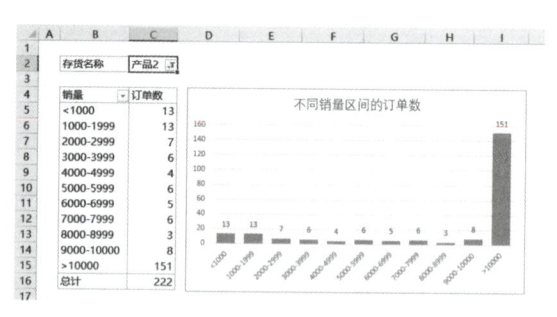

图11-92 分析不同产品的不同销量区间的订单数分布

11.5.6 对文本进行组合,增加更多的分析维度

对于文本型字段是不能自动组合的,此时需要手工进行组合。组合要根据实际表格来确定。

扫码看视频

案例11-12

对于图11-93中左侧的二维表格数据,如何得到右侧的各个地区的季度汇总报表?

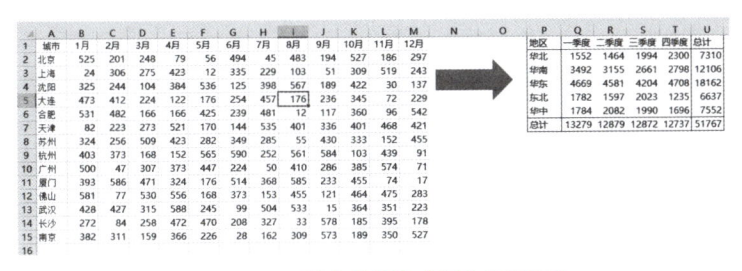

图11-93 二维表格转换成深度分析报告

很多人会在表格中插入列，插入合计公式，开始计算4个季度的合计数。这样的做法无可厚非，但是并不能实现灵活分析的目的。

正确的做法是使用透视表对这个二维表格进行分析。

步骤01 对数据区域制作单页字段的多重合并计算数据区域透视表，并进行格式化，如图11-94所示。

图11-94 基本数据透视表

下面对A列城市进行组合，以便得到地区字段。

步骤02 在A列中选择属于同一个地区的城市单元格，如要组合华北，就选择单元格"北京""天津"，然后右击，执行快捷菜单中的"组合"命令，如图11-95所示。

这样，就得到了一个新字段"城市2"和项目"数据组1"，如图11-96所示。

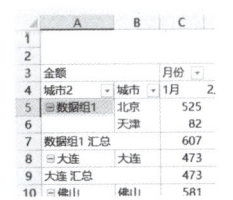

图11-95 执行"组合"命令　　　　图11-96 得到一个新字段"城市2"和项目"数据组1"

步骤03 把项目"数据组1"重命名为"华北"，将字段"城市2"重命名为"地区"，新的透视表如图11-97所示。

采用相同的方法，把其他同一地区的城市进行组合，最后得到如图11-98所示的结果。

第11章 利用数据透视表分析数据的实用技能

145

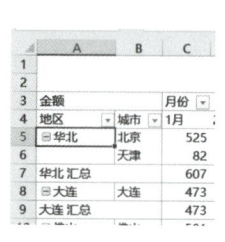

图11-97 修改新项目名称和

图11-98 组合城市得到地区字段新字段名称

步骤04 对第4行的月份，采用相同的方法进行组合（例如，先选择1月、2月、3月组合成一季度，再选择4月、5月、6月组合成二季度，以此类推），得到"季度"字段，如图11-99所示。

步骤05 将字段"城市"和"月份"拖出透视表，就得到了需要的报表，如图11-100所示。

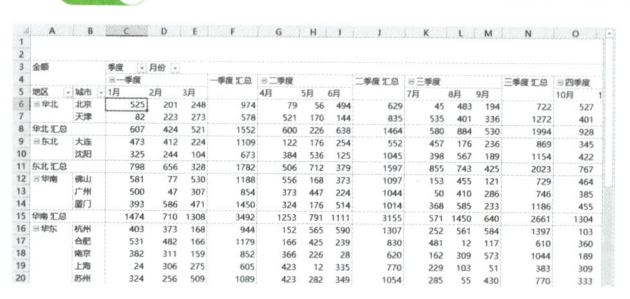

图11-99 组合月份，得到"季度"汇总字段

图11-100 各个地区的季度销售报表

11.5.7 组合日期时应注意的问题

在组合日期时，要特别注意以下两个问题。

（1）日期列中有空单元格。如果日期列中有空白单元格，此时仍可以对日期进行组合，但是会在组合得到的月份、季度字段中出现空白（在 Excel 2016 中会自动组合到小于最小日期的分组中），因为这些数据无法归类到哪个月、哪个季度，如图11-101和图11-102所示。

图11-101 A列缺失日期数据

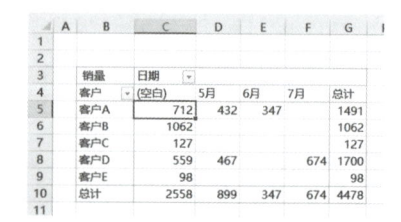

图11-102 组合的月份，无法分组空白日期单元格

（2）日期列中有非法日期或文本型日期。如果日期列中有非法日期（如文本型日期），那么是不能自动组合的，此时会弹出一个"选定区域不能分组"的警告框，如图11-103和图11-104所示。

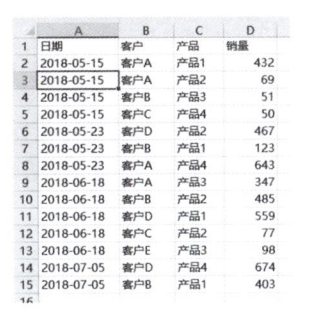

图11-103　A列是文本型日期　　　图11-104　透视表的日期不能组合

因此，当需要对日期进行组合分析时，一定要把非法的日期转换为规范的日期。

11.5.8　组合数字时应注意的问题

与日期一样，在对数字组合时，也要注意以下两个问题。

（1）数字列中有空格。如果数据列中有空白单元格，此时仍可以对数字进行组合，但是会在组合得到的字段中出现空白，因为这些数据无法归类到哪个类别。

（2）文本型数字。如果数字列中有文本型数字，那么不能进行自动组合了，还会弹出一个"选定区域不能分组"的警告框。

因此，当需要对数字进行组合分析时，一定要把文本型数字转换为数值型数字。

11.5.9　某个字段内有不同类型数据时不能自动分组

如果需要自动分组的某个字段内含有不同类型的数字，如某个"年龄"字段，既有纯数字的年龄，又有以文本输入的文本型年龄数字，那么，就无法再对这些年龄进行自动分组，必须先将这些年龄数字统一为数值型数字。

11.5.10　页字段不能进行组合

页字段不能进行组合，如果想要对页字段进行组合，需要暂时将页字段移动到行区域或列区域进行组合后，再拖回到页区域。

11.5.11　取消组合

如果不想再分组查看数据，可以取消组合；如果想取消某个项目的组合，则右击该项目单元格，执行快捷菜单中的"取消组合"命令；如果要取消某个字段所有项目的组合，则右击该字段名称单元格，执行快捷菜单中的"取消组合"命令。

第12章 使用切片器和日程表快速筛选报表

当需要对整个数据透视表进行筛选时，常规的做法是将字段拖放到筛选区域，通过在筛选字段（页字段）中进行筛选（单选或多选），筛选整个报表。但是这种在筛选字段中筛选项目，操作起来很不方便。幸好在 Excel 2010 版后就有了切片器，我们就可以非常方便地控制透视表的筛选。

如图 12-1 所示的报告就使用了两个切片器：一个筛选店铺性质；另一个筛选地区，从而观察不同城市的销售情况。

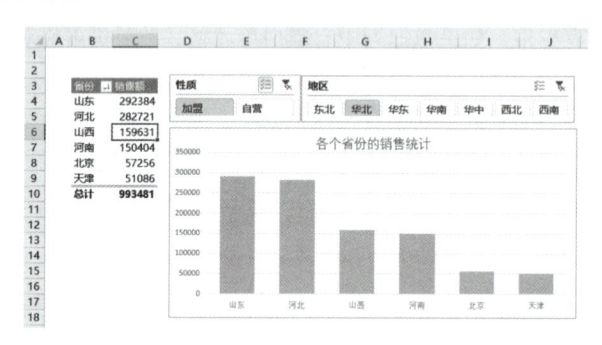

图12-1 使用切片器控制透视表和透视图

12.1 插入并使用切片器

12.1.1 插入切片器的按钮

插入切片器的按钮存在于两个地方：一个是在 Excel 功能区的"插入"选项卡中，如图 12-2 所示；另一个是在数据透视表工具的"分析"选项卡中，如图 12-3 所示。

图12-2 Excel功能区的"插入"选项卡　　图12-3 数据透视表工具的"分析"选项卡

12.1.2 插入切片器的方法

◎ 案例12-1

以案例 11-2 所示的数据为例，创建一个数据透视表，使用切片器快速筛选客户、产品，查看指定客户、指定产品在各个月的销售情况。

步骤01 创建一个基本的数据透视表,如图12-4所示。注意,字段"月份"要设置成"显示无数据项目",这样能够显示完整的月份列表;否则,如果某个客户某种产品在某个月没有销售数据,那么这个月份就不显示出来了,造成报表结构的不完整。

步骤02 在"插入"选项卡中单击"切片器"按钮;或者在"分析"选项卡中单击"插入切片器"按钮,打开"插入切片器"对话框,选择要进行筛选的字段,如图12-5所示。

图12-4 创建的基本数据透视表　　图12-5 "插入切片器"对话框

步骤03 单击"确定"按钮,就插入了选定字段的切片器,如图12-6所示。

步骤04 选择切片器,调整其大小,布局好位置,就可以使用切片器来筛选图表了,如图12-7所示。

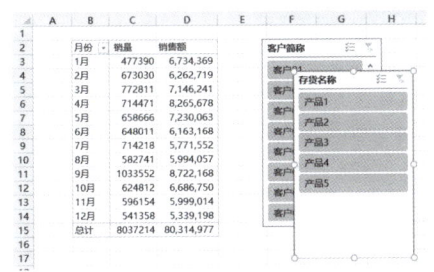

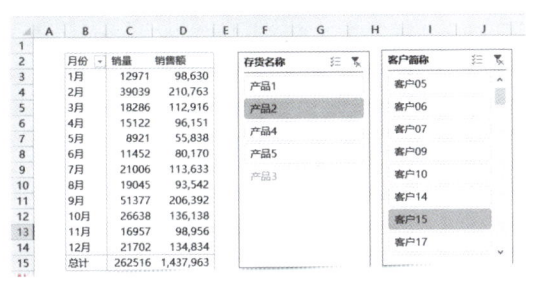

图12-6 插入的两个切片器　　图12-7 布局好切片器和透视表

12.1.3 切片器的使用方法

单击切片器的某个项目,就会选中该项目,透视表也就变为了该项目的数据。如果要选择多个项目,可以先单击切片器右上角的 按钮,再单击多个项目。如果要恢复全部数据,不再进行筛选,单击切片器右上角的"清除筛选器" 按钮即可。

12.2 设置切片器样式

12.2.1 套用切片器样式

默认的切片器外观比较难看,可以从切片器样式集里选择喜欢的样式,如图12-8所示。不过这些样式都是固定的,可选范围较少,无法改变字体和背景的样式。

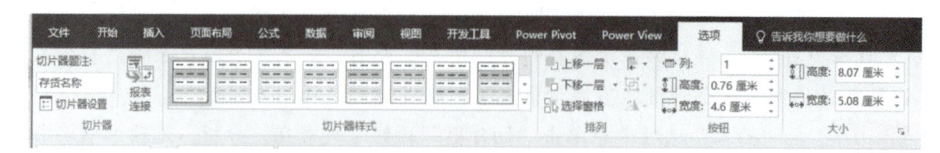

图12-8　直接套用现有的切片器样式

12.2.2　新建切片器样式

自己设计切片器样式的操作步骤如下。

步骤01　在"切片器样式"组中单击"新建切片器样式"按钮，如图12-9所示。

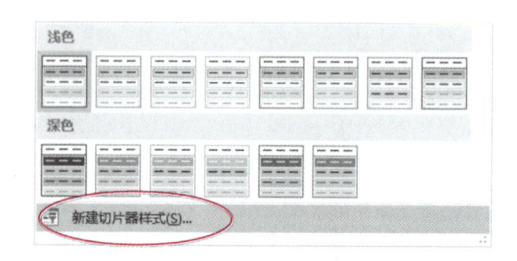

图12-9　"切片器样式"里的"新建切片器样式"命令按钮

步骤02　在打开的"新建切片器样式"对话框中进行设置，如图12-10所示。

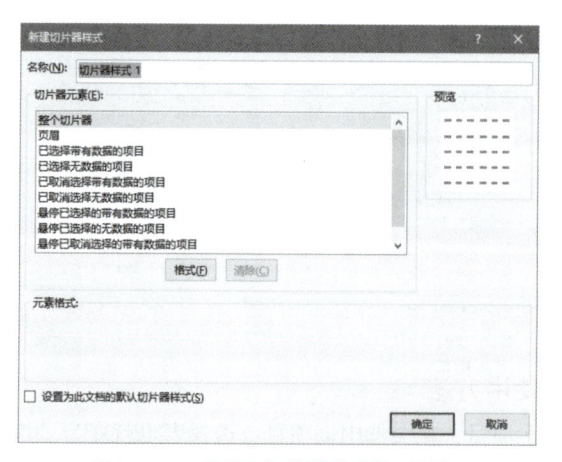

图12-10　"新建切片器样式"对话框

步骤03　为该切片器样式起一个名字。在"切片器元素"列表框中选择"整个切片器"，然后单击"格式"按钮，打开"格式切片器元素"对话框，如图12-11所示。

这里要设置3个项目。

（1）切片器的字体，包括字体、字形、字号、颜色等。

（2）切片器的边框，包括边框线条样式、颜色等。

（3）切片器的填充，主要是填充颜色。

设计好后单击"确定"按钮，返回到"新建切片器样式"对话框。

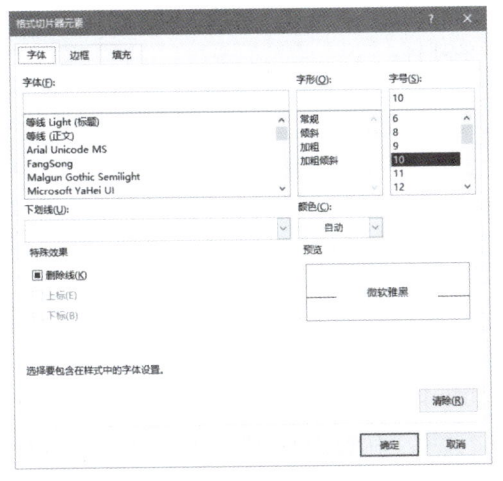

图12-11 "格式切片器元素"对话框

步骤04 选择"页眉",单击"格式"按钮,打开"格式切片器元素"对话框,进行页眉的格式设置。

步骤05 选择"已选择带有数据的项目",单击"格式"按钮,打开"格式切片器元素"对话框,进行相应项目的格式设置。

步骤06 选择其他的切片器元素,一一进行格式设置。

步骤07 全部设置好后,单击"确定"按钮,关闭"新建切片器样式"对话框。此时可以看到在"切片器样式"组中出现了新建的样式,如图12-12所示。

选择某个切片器,然后在"切片器样式"组中单击某种自定义的样式,该切片器就套用了自定义的样式。

如图12-13所示就是套用默认的切片器样式与自定义切片器样式的对比。

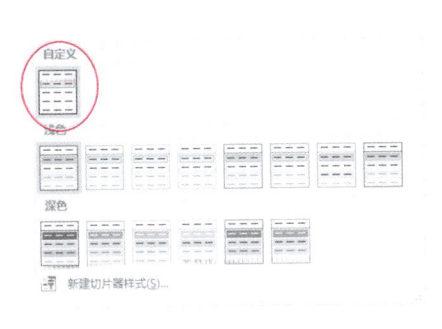

图12-12 "切片器样式"的顶部出现了自定义的样式

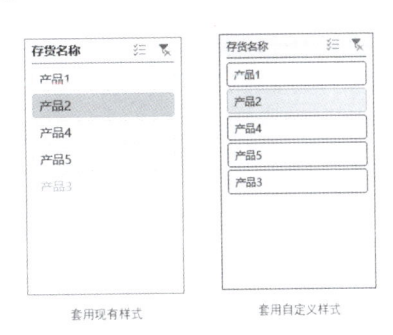

图12-13 默认的切片器样式与自定义切片器样式

当为数据透视表插入多个切片器时,为了合理布局切片器和数据透视表,让报告界面更加美观,需要好好设计切片器的样式,重点是字体和颜色。

12.2.3 修改自定义切片器样式

如果要对自定义的切片器样式进行修改,就在"切片器样式"组中选择该样式,右击,在弹出的快捷菜单中选择"修改"命令(如图12-14所示),打开"修改切片器样式"对话框,然后再修改有关的项目。

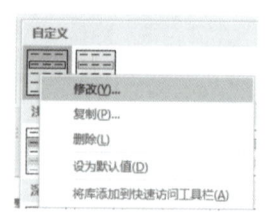

图12-14 "修改"命令:准备修改自定义切片器样式

12.2.4 设置切片器的项目显示列数

默认情况下,切片器里的项目列数只有一列,比较难看,不便于布局报表界面。此时,可以设置切片器的项目列数:在切片器的"选项"选项卡中,改变"列"的数目即可,如图12-15 所示。

如图12-16 所示就是将切片器项目设置为5列显示的情况。

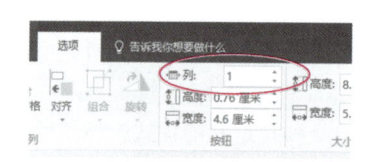

图12-15 设置切片器项目的列数

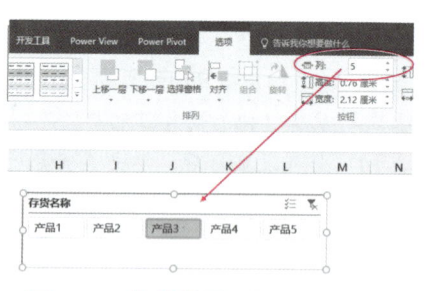

图12-16 切片器项目设置为5列显示

12.2.5 布局数据透视表和切片器

设置好数据透视表格式,插入切片器并进行样式设置后,就需要布局数据透视表和切片器的位置了,以便使报告界面美观清晰。此时,要注意以下两点。

(1)数据透视表选项中设置为更新数据透视表时,不自动调整列宽。

(2)设计好自定义切片器样式,以及切片器项目的显示列示。

如图12-17 所示是分析指定产品、指定客户各个月的销售报告。

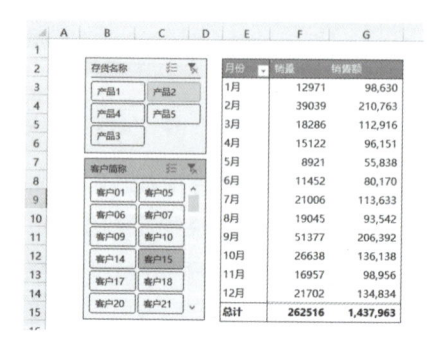

图12-17 布局数据透视表和切片器

12.3 用切片器控制数据透视表（数据透视图）

切片器控制数据透视表非常方便。有时候需要用几个切片器控制一个数据透视表，有时候又需要用一个或者几个切片器控制几个数据透视表，这样可以更加灵活地分析数据。

12.3.1 多个切片器联合控制一个数据透视表（数据透视图）

为指定的数据透视表插入几个切片器，就是使用几个切片器控制一个数据透视表，这样可以通过多个变量的选择来分析相关的数据。

如 12.2.5 小节中的例子，就是使用两个切片器来控制数据透视表，一个是筛选客户的切片器，一个是筛选产品的切片器。

12.3.2 一个或多个切片器控制多个数据透视表（数据透视图）

在有些情况下，需要从多个角度来分析数据，制作了多个透视表（透视图），那么就可以使用切片器同时控制这几个透视表（透视图）。需要注意的是，这些透视表必须都是使用同一个数据源制作的，最好是复制的透视表。

使用切片器同时控制多个透视表（透视图）的方法是先对某个透视表插入切片器，然后对准切片器单击鼠标右键，执行快捷菜单中的"报表连接"命令（如图 12-18 所示），打开"数据透视表连接（性质）"对话框，勾选这几个透视表即可，如图 12-19 所示。

图12-18 "报表连接"命令　　图12-19 勾选要控制的几个透视表

如图 12-20 所示就是创建的两个数据透视表和数据透视图，通过两个切片器一起来控制。

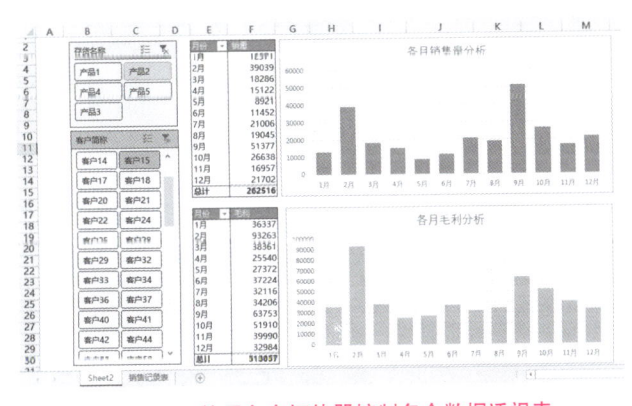

图12-20 使用多个切片器控制多个数据透视表

12.3.3 删除切片器

如果不需要切片器了，可以将其删除。其方法是对准切片器右击，执行快捷菜单中的"剪切"命令；或者选择切片器，按 Delete 键删除。

12.4 筛选日期的自动化切片器——日程表

当原始数据有日期，制作透视表后，可以插入日程表来快速筛选指定年度、季度、月份的数据，而不需要先对日期进行组合。

12.4.1 插入日程表

案例12-2

图 12-21 所示是各产品的销售流水记录表，现在要分析每个月、每个季度的销售情况。

步骤01 创建一个数据透视表，如图 12-22 所示。

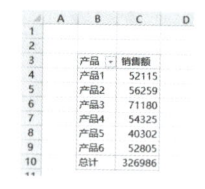

图12-21 销售流水记录表　　图12-22 创建基本数透视表

步骤02 在"分析"选项卡中单击"插入日程表"按钮（就在"插入切片器"按钮旁边），打开"插入日程表"对话框，选择"日期"，如图 12-23 所示。单击"确定"按钮，即可为数据透视表插入日程表，如图 12-24 所示。

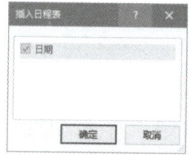

图12-23 准备插入日程表　　图12-24 插入的日程表

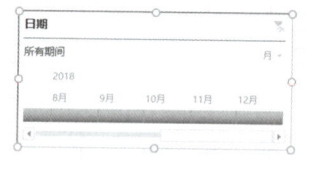

步骤03 将这个日程表与数据透视表进行适当布局，就得到了可以灵活查看年度、季度、月份、日数据的分析报告，如图 12-25 所示。

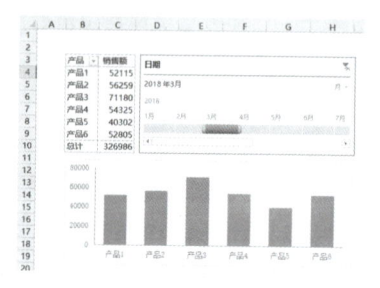

图12-25 利用日程表筛选报表

12.4.2 日程表的使用方法

默认情况下，日程表是按月筛选的，单击日程表底部某月下的灰色区域，就选中了该月份，数据透视表也变为了该月的数据。

按住滑块拖动，选择连续的几个月。如图 12-26 所示，就是筛选 1—4 月的数据。

单击日程表右上角的日期选择下拉按钮，可以设置在年、季度、月、日直接切换，如图 12-27 所示。

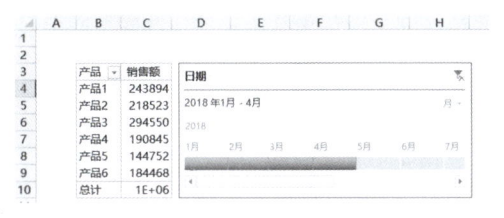

图12-26　在日程表上选择连续的月份　　　　图12-27　切换年、季度、月、日

如图 12-28 所示就是切换到季度后，对季度数据进行筛选查看的情况。

图12-28　筛选季度的数据

与切片器一样，也可以设置日程表的样式、显示选项、设置连接到哪个数据透视表等，这些功能都在日程表的"选项"选项卡中，如图 12-29 所示。

图12-29　日程表的"选项"选项卡

第13章 为数据透视表添加自定义计算字段和计算项

很多人喜欢在基础数据表格中添加大量的计算列,计算出某些数据,以便在透视表中能用到它们。其实在很多情况下,这样做是没有必要的,因为在透视表中可以使用函数公式来创建自定义计算字段和计算项。

13.1 自定义计算字段

> 所谓计算字段,就是在透视表中使用函数公式创建新的字段,以完成新的计算分析任务,这样的字段在原始数据表中是并不存在的,所以称为自定义计算字段(自己定义的计算字段)。

13.1.1 添加计算字段的基本方法

◉ 案例13-1

图 13-1 所示是根据原始销售数据制作的指定产品各个月的销量和销售额汇总表,现在要求分析各产品每个月的单价波动情况。

由于原始销售数据表中没有单价这列数据,需要在数据透视表计算出来,因此可以插入自定义计算字段来解决这个问题。基本方法和步骤如下。

步骤 01 在"分析"选项卡中单击"字段、项目和集"下拉按钮,在弹出的下拉菜单中选择"计算字段"命令,如图 13-2 所示。

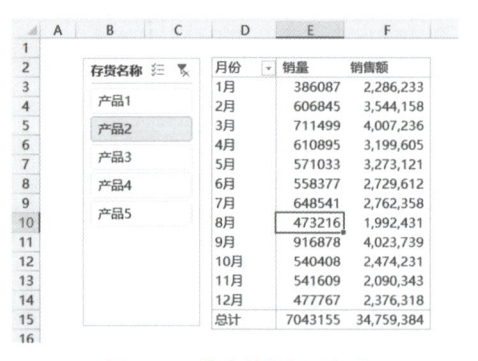

图13-1 基本的数据透视表　　　　图13-2 选择"计算字段"命令

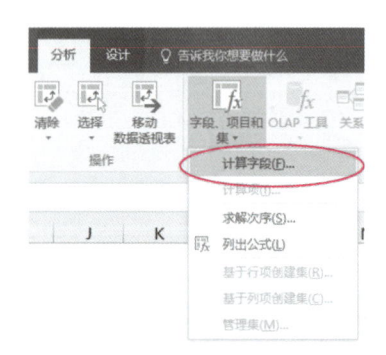

步骤 02 打开"插入计算字段"对话框,如图 13-3 所示。
下面创建计算字段公式。

步骤03 在"名称"文本框中输入字段名称"单价",在"公式"文本框中输入下面的计算公式,如图 13-4 所示。

=round(销售额 / 销量 ,4)

图13-3 "插入计算字段"对话框

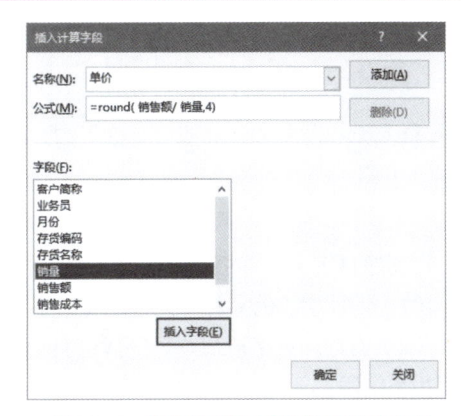

图13-4 输入计算字段名称和计算公式

> **说明**
> 可以采用更简单的方法输入公式,先输入"="等号,再从下面的"字段"列表中选择要进行计算的字段,双击添加到"公式"文本框中。

步骤04 如果只是定义一个计算字段,单击"确定"按钮即可;如果要批量定义几个计算字段,可以在每个字段设计好后,单击"添加"按钮,所有字段都定义好后再单击"确定"按钮。

如图 13-5 所示就是为报表添加了"单价"后的数据透视表。

存货名称	月份	销量	销售额	求和项:单价
产品1	1月	386087	2,286,233	5.9215
产品2	2月	606845	3,544,158	5.8403
产品3	3月	711499	4,007,236	5.6321
产品4	4月	610895	3,199,605	5.2376
产品5	5月	571033	3,273,121	5.7319
	6月	558377	2,729,612	4.8885
	7月	648541	2,762,358	4.2593
	8月	473216	1,992,431	4.2104
	9月	916878	4,023,739	4.3885
	10月	540408	2,474,231	4.5784
	11月	541609	2,090,343	3.8595
	12月	477767	2,376,318	4.9738
	总计	7043155	34,759,384	4.9352

图13-5 为数据透视表添加了计算字段"单价"

步骤05 修改计算字段的名称。

还可以绘制一个分析指定产品各月单价分析图,如图 13-6 所示。注意,这是一个用普通方法绘制的折线图,不是数据透视图。

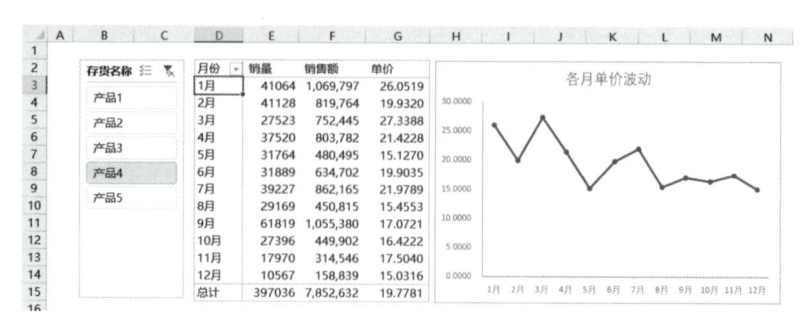

图13-6　指定产品各月单价波动分析

在创建自定义计算字段时，要注意以下两个问题。

（1）计算字段的名称不能与现有的字段重名。

（2）创建计算字段后，该字段会自动添加到数据透视表字段列表里，这样以后可以随时使用该字段。

13.1.2　修改计算字段

如果发现某个计算字段的公式错了，可以修改该字段的计算公式，方法是打开"插入计算字段"对话框，从"名称"下拉列表框中选择该字段，然后修改公式，最后单击"修改"按钮即可，如图13-7所示。

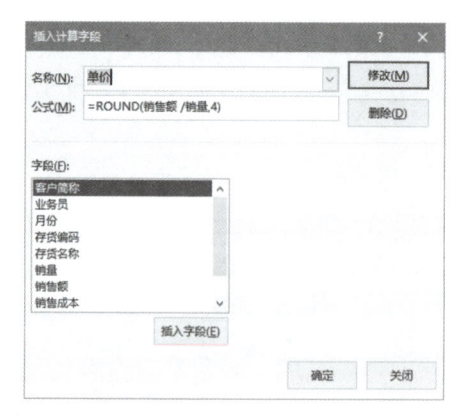

图13-7　选择要修改的计算字段，修改完毕后，单击"修改"按钮

13.1.3　删除计算字段

删除自定义计算字段的方法是打开"插入计算字段"对话框，从"名称"下拉列表框中选择该字段，然后单击"删除"按钮。

13.1.4　列出所有自定义计算字段信息

如果想把所有的自定义计算字段信息列出来，保存到工作表中，可以在"分析"选项卡中单击"字段、项目和集"下拉按钮，在弹出的下拉菜单中选择"列出公式"命令，就会把透视表里所有的自定义计算字段的名称及公式导出到一个新工作表中，如图13-8所示。

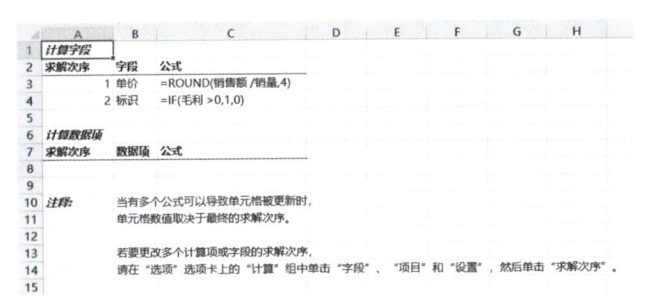

图13-8 列出所有自定义计算字段信息

需要注意的是，计算字段的默认汇总方式是求和，这种汇总方式是不能改变的，如不能把求和改为平均值。

13.2 自定义计算项

所谓自定义计算项，就是在原始数据表中，某列字段下面没有这个项目，现在需要利用公式计算出这个项目，而这个项目就是该字段下某些项目之间的计算结果，所以称之为自定义计算项（自己定义的计算出来的项目）。

扫码看视频

13.2.1 添加计算项的基本方法

案例13-2

图13-9所示为两年的销售数据，现在要求使用数据透视表分析两年同比增长情况。

步骤01 创建一个数据透视表并进行布局和美化，如图13-10所示。

图13-9 两年的销售数据

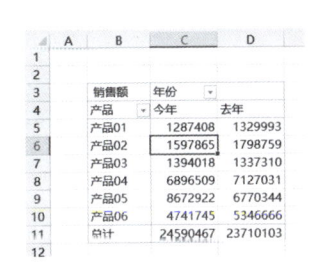

图13-10 基本数据透视表

下面计算两年同比增减额和同比增长率。

首先要弄清楚，同比增减额和同比增长率都是用去年和今年的数据计算的，而"去年"和"今年"是字段"年份"下的两个项目，它们并不是字段，因此就要为数据透视表添加计算项了。

定位到要添加计算项的字段上，这里要在字段"年份"下添加计算项，要对去年和今年两个项目进行计算，单击字段"年份"或者该字段下的某个项目单元格。这一点非常重要，否则就无法使用"计算项"命令。

步骤02 在"分析"选项卡中单击"字段、项目和集"下拉按钮，在弹出的下拉菜单中选择"计算项"命令，如图 13-11 所示。

步骤03 打开"在'年份'中插入计算字段"对话框，如图 13-12 所示。

图13-11 执行"计算项"命令 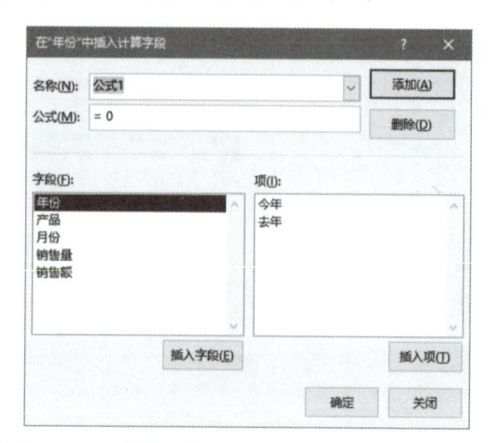　　图13-12 "在'年份'中插入计算字段"对话框

步骤04 在"名称"文本框中输入计算项名称，在"公式"文本框中输入计算公式。快捷方法是先输入"="等号，再从下面右侧的"项"列表框中选择要进行计算的项目，双击添加到公式框中。

如果定义一个计算项，直接单击"确定"按钮即可。如果是要批量做几个计算项，在每个计算项设计好后，单击"添加"按钮，等所有项目都定义好后再单击"确定"按钮。设置好的计算项如图 13-13 所示。

需要注意的是，当定义好一个计算项后，单击"添加"按钮，对话框右侧"项"列表框中是空白的，没有项目可以选择，原因是自动回到了字段无选择状态，此时，需要在对话框左侧的"字段"列表框中选择某个字段，重新调出该字段的项目列表。

步骤05 单击"确定"按钮，就得到了如图 13-14 所示的数据透视表。

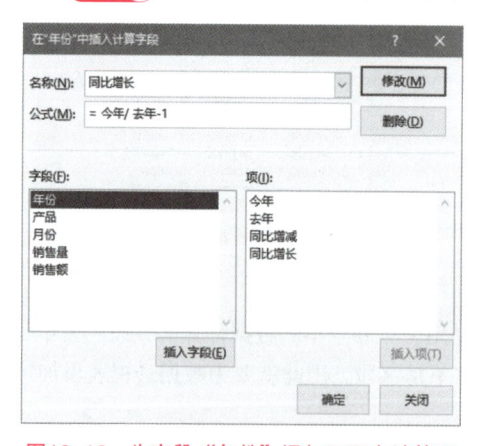

图13-13 为字段"年份"添加了两个计算项　　图13-14 添加计算项后的数据透视表

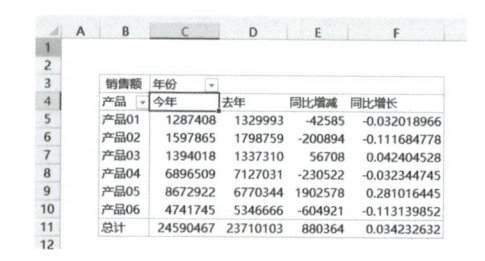

由于计算项是某个字段下的项目计算结果，是某个字段下的一个新项目，而不是字段，因此，计算项不会出现在数据透视表字段列表中。

步骤 06 由于添加的计算项是同一个字段下的项目，也就是说字段"年份"下有 4 个项目，分别是"去年""今年""同比增减""同比增长"，前 3 个项目是金额，第 4 个项目是百分比，不能通过设置字段的数字格式的方法来设置项目"同比增长"的数字格式，而是要单独设置 F 列"同比增长"的单元格格式。

这样，单独设置 F 列的"同比增长"数字格式后的数据透视表如图 13-15 所示。

图13-15　单独设置F列的"同比增长"数字格式后的数据透视表

13.2.2 自定义计算项的几个重要说明

（1）如果计算项是简单的加减计算，那么透视表列总计的数据是正确的，如图 13-15 所示的各产品的同比增减额总计数。

（2）如果计算项是乘除计算，列总计的数据就错误了，如图 13-15 所示的所有产品合计销售额的，同比增长为 3.42%，正确的数据应该是 3.71%。

其实，最底部的总计数是列总计，本来就是各列所有项目的 SUM 结果。因此，所有产品销售额合计数的，同比增长是不能使用透视表的列总计数的。也就是说，所有产品合计数的增长率是错误的，这个数字没有任何意义。

（3）当插入了计算项后，可以在单元格中看到该项目的计算公式，并且每个单元格公式都是一样的，如图 13-16 所示。可以修改某个单元格的计算项公式，也可以删除该单元格公式，不过这样做似乎没什么实际意义。

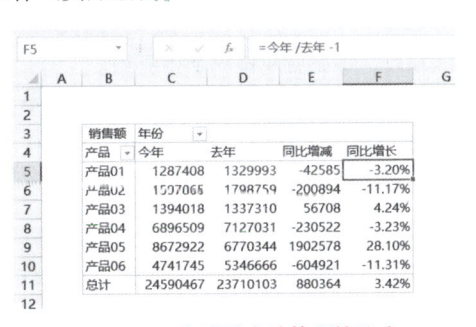

图13-16　查看某个计算项的公式

13.2.3 修改自定义计算项

如果发现某个计算项的公式做错了，可以修改该项目计算公式。方法是先定位到要修改计算项的某个字段单元格，打开"插入计算字段"对话框，从"名称"下拉列表框中选择该项目，然后修改公式，最后单击"修改"按钮即可。

13.2.4 删除自定义计算项

如果要删除不需要的计算项，就先定位到要删除计算项的某个字段单元格，打开"插入计算字段"对话框，从"名称"下拉列表框中选择该项目，然后单击"删除"按钮。

13.2.5 列示出所有自定义计算项信息

与计算字段一样，也可以把透视表里所有的自定义计算项的名称及公式都导出到工作表中。方法是在"分析"选项卡中单击"字段、项目和集"下拉按钮，在弹出的下拉菜单中选择"列出公式"命令。

13.3 添加计算字段和计算项的注意事项

计算字段和计算项让我们可以使用最简单的基础数据创建数据透视表，然后在报表里添加新的字段和项目。但是，很多人对这两个名字感到迷惑，下面就几个主要的问题进行说明。

13.3.1 分别在什么时候添加计算字段和计算项

计算字段和计算项是两个截然不同的概念，因此在自定义数据透视表时，必须搞清楚两者之间的区别。

1. 添加计算字段

如果要添加的是字段与字段之间进行计算所得到的结果，也就是计算公式中引用的是字段，那么就应该添加计算字段。

当为数据透视表添加计算字段时，可以单击数据透视表内的任一单元格，然后在"分析"选项卡中单击"字段、项目和集"下拉按钮，在弹出的下拉菜单中选择"计算字段"命令。

2. 添加计算项

如果要添加的是某个字段下的项目与项目之间进行计算所得到的结果，也就是计算公式中引用的是某个字段下的项目，那么就应该添加计算项。

当为数据透视表的某个字段添加自定义计算项时，必须先单击该字段下的任一项目单元格；然后在"分析"选项卡中单击"字段、项目和集"下拉按钮，在弹出的下拉菜单中选择"计算项"命令。

3. 两者的通俗说法

计算字段是"跨界"的，是不同字段之间的"国战"；而计算项是"界内"的，是同一个字段下的"内战"。

13.3.2 同时添加计算字段和计算项的几个问题

可以同时为透视表添加计算字段和计算项。但是，如果同时添加了计算字段和计算项，就需要注意以下两个问题。

（1）如果是计算字段，那么对该计算字段再添加计算项，其结果是错误的。如图 13-17 所示，单价是计算字段，同比增长率是计算项，单价下的同比增长率是错误的。

	A	B	C	D	E	F	G	H	I	J
1										
2		值	年份							
3		销售量			销售额			单价		
4		2015年	2016年	同比增长率	2015年	2016年	同比增长率	2015年	2016年	同比增长率
5	产品									
6	产品01	39217	45628	16.35%	1329993	1287408	-3.20%	33.91	28.22	-20.00%
7	产品02	6760	6769	0.13%	1798759	1597865	-11.17%	266.09	236.06	-8592.00%
8	产品03	5664	6242	10.20%	1337310	1394018	4.24%	236.11	223.33	42.00%
9	产品04	68327	77186	12.97%	7127031	6896509	-3.23%	104.31	89.35	-25.00%
10	产品05	59211	59952	1.25%	6770344	8672922	28.10%	114.34	144.66	2248.00%
11	产品06	30025	31051	3.42%	5346666	4741745	-11.31%	178.07	152.71	-331.00%
12	总计	209204	226828	44.32%	23710103	24590467	3.43%	113.33	108.41	8.00%
13										

图13-17 同时存在计算字段和计算项的情况

比如，产品02的单价同比增长率应该是 −11.29%［即 (236.06 − 266.09)/266.09］，为什么透视表里的是 −8592.00% 呢？

解决的方法是隐藏J列的数据，然后再在透视表外面做计算公式，计算出真正的单价增长率。

（2）计算字段是对原始数据的某几列的每行数据都进行计算，相当于在原始数据表中添加了辅助计算列，因此计算量是很大的，当插入计算字段后，会降低运算速度。

13.3.3　哪些情况下不能添加自定义计算字段和计算项

一般情况下都可以为数据透视表添加自定义字段和计算项；但是在如下情况时，不能为数据透视表添加自定义计算项。

◎ 先将字段进行了组合，但在添加计算项后还可以组合字段。
◎ 字段的汇总方式采用了"平均值""方差""标准偏差"等。

13.3.4　自定义计算字段能使用工作簿函数吗

除易变函数外，在自定义计算字段中可以使用其他任何的工作簿函数，创建复杂计算的自定义计算字段公式，以满足各种实际需要。

所谓"易变"函数，就是每次打开含有这类函数的工作簿后，都会进行重新计算。此外，在打开这样的工作簿后，即使没有对工作表进行任何改动，在关闭工作簿时，Excel也会提醒是否要保存对工作簿的修改。在Excel的众多函数中，有些函数是"易变"函数。具体包括下面的函数。

| TODAY | NOW | OFFSET | INDEX | INDIRECT |
| CELL | AREAS | COLUMNS | ROWS | RAND |

13.3.5　自定义计算字段能使用单元格引用和名称吗

为了得到一个能随某个变量变化而变化的数据透视表，在工作表的某个单元格保存该变量的值；或者定义一个代表该变量的名称，并希望在数据透视表的自定义计算字段中使用这个单元格引用或名称，以便当改变该单元格值或名称值后，数据透视表也随之变化。

但是数据透视表是不允许在自定义计算字段中引用单元格或使用名称的。

13.4 综合应用案例

下面结合几个实际案例,进一步练习计算字段和计算项的使用方法,以及综合运用前面学到的制作数据透视表技能。

13.4.1 在数据透视表里进行排位分析

如何在数据透视表里对项目做排位标注?例如,排名第1的标注数字1,排名第2的标注数字2,以此类推。

这样的问题使用计算字段,并联合使用排序和值字段显示方式就可以解决。

案例13-3

图13-18所示为从系统导出的销售记录,保存所有客户、所有产品各个月的销售数据。

现在的任务是制作一个能够查看各个客户下各种产品销售的排名分析报告,效果如图13-19所示。

图13-18 系统导出的销售数据

图13-19 客户排名分析报告

这个报告制作并不难,具体的操作步骤如下。

步骤01 创建一个基本数据透视表,进行布局并美化,如图13-20所示。

步骤02 为数据透视表插入一个计算字段,设置"名称"为"排名","公式"为"=1",如图13-21所示。

图13-20 基本数据透视表

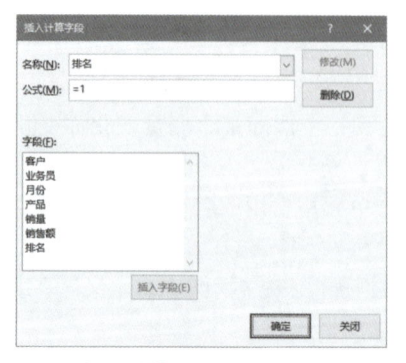

图13-21 插入计算字段"排名",公式为"=1"

数据透视表就变为如图 13-22 所示的情形。这里已经将字段名称进行修改，并与字段"销售额"调整了位置。

步骤03 将字段"排名"的显示方式设置为"按某一字段汇总"，"基本字段"为"产品"，如图 13-23 所示。

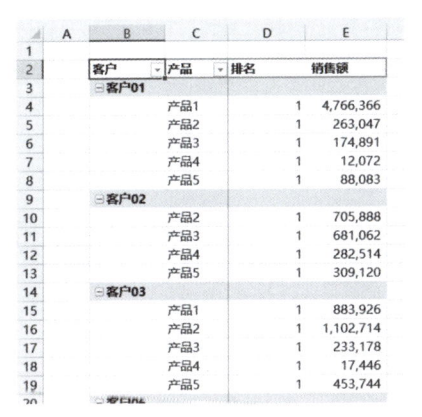

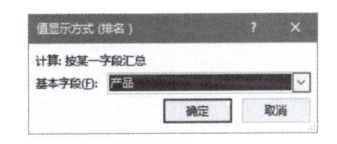

图13-22 插入计算字段"排名"后的数据透视表　　图13-23 将字段"排名"的显示方式设置为按"产品"汇总

这样，就得到了如图 13-24 所示的数据透视表。

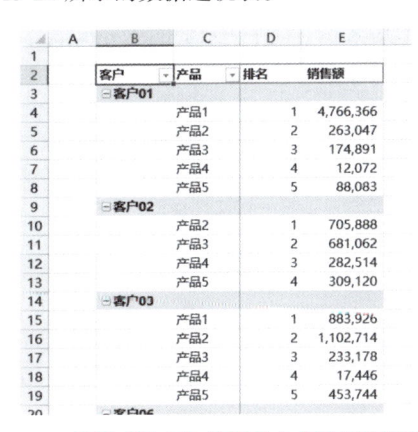

图13-24 设置"排名"的显示方式后的数据透视表

步骤04 对字段"销售额"进行降序排序，就得到了需要的报告。

13.4.2　两年同比分析

假如有两年的销售数据表格分别保存在两个工作表上，如何对各个产品的两年销售进行同比分析，了解其增长情况？

案例13-4

图 13-25 所示就是这样的一个简单例子，现在要分析每种产品或者每个地区的两年增长情况。

图13-25　两年销售数据

首先，使用现有连接+SQL语句的方法，以两年数据创建数据透视表，SQL语句如下。

```
select '今年' as 年份,* from [今年$]
union all
select '去年' as 年份,* from [去年$]
```

然后，为字段"年份"添加一个计算项"同比增长率"，计算公式如下。

```
=今年/去年-1
```

那么，就得到了如图13-26和图13-27所示的同比分析报告。

图13-26　各产品两年销售同比分析报告

图13-27　各个地区两年销售同比分析报告

13.4.3　两年客户流动分析

上午9点公司总经理把销售总监叫到办公室，问："为什么公司的一个重要客户，今年的销售量同比出现了大幅下降？再给我找找，其他的重要客户究竟情况如何，哪些客户销售同比增长超过了50%，哪些客户同比下降了50%，哪些是新增的客户，哪些客户流失了，10点钟把报告交上来！"

估计有些销售总监们开始从系统里导出两年的销售数据，开始筛选数数、求和、对比了，很快就到 10 点了，领导要的报告还没有形成呢。

其实，这样的问题没有想象的那样复杂，使用透视表在几分钟内即可完成。

案例13-5

图 13-28 所示是从系统里导出的今年和去年的销售流水，现在要制作一个客户流动及销售同比分析报告。

图13-28　两年销售数据

步骤01 利用现有连接+SQL 语句的方法，以两个数据表制作透视表，如图 13-29 所示。SQL 语句如下。

```
select '去年' as 年份,* from [去年$]
union all
select '今年' as 年份,* from [今年$]
```

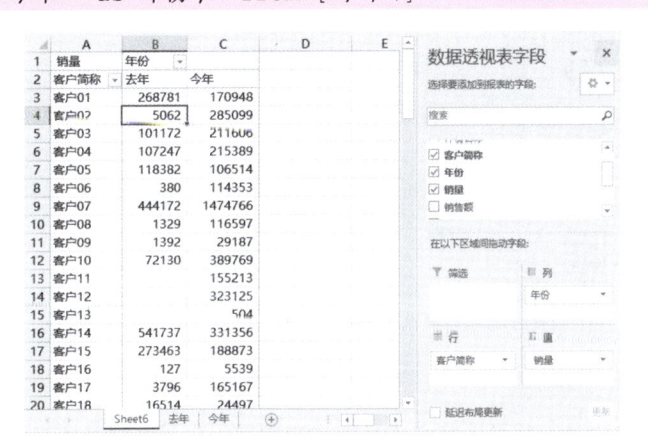

图13-29　制作每个客户两年销售量汇总表

步骤02 为透视表的"年份"字段添加计算项，名称及公式如下。

同比增长率：　=今年/去年-1
新增客户：　　=IF(AND(今年>0,去年=0),1,0)
流失客户：　　=IF(AND(今年=0,去年>0),1,0)

这样，就得到了如图 13-30 所示的透视表。

图13-30 每个客户两年销售对比

步骤03 美化表格，不显示错误值，然后设置自定义数字格式。

- 设置 D 列的数字为自定义百分比。
- 设置 E 列自定义数字格式（把 1 显示为"新增"，把 0 隐藏）。
- 设置 F 列自定义数字格式（把 1 显示为"流失"，把 0 隐藏）。

这样，就得到了如图 13-31 所示的报表。

步骤04 将 D 列进行降序排序，即可得到最终的分析报告，如图 13-32 所示。

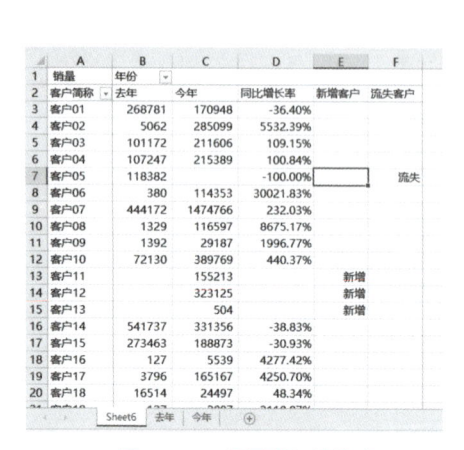

图13-31 设置单元格格式

图13-32 两年客户的销售同比分析

有了这个表格，是不是可以信心十足地去向领导汇报了？但是还需要向领导解释重要客户流失的原因，为什么上年的重要的客户今年销售同比大幅下降，如果不是因为客户的经营出现了问题，就必须拿出如何挽留客户的解决方案。

13.4.4 动态进销存管理

进销存管理是所有企业的经营管理核心。如何购进商品，购进什么样的商品，购进多少才能使库存资金最少；如何增加销售量，减少库存积压，获取最大利润，这些是任何企业都非常关心的问题。

案例13-6

图13-33所示为某公司的入库和出库数据清单，它们分别保存在两个工作表中。现在要求将这两个工作表数据进行汇总，能够在一个工作表上反映出入库、出库以及库存的情况。

图13-33 入库和出库数据清单

步骤01 首先，使用现有连接+SQL语句的方法，将两个工作表进行汇总，得到一个基本的基础透视表，如图13-34所示。SQL语句如下。

```
select 日期，商品编码，数量，进价，'入库' as 状态 from [入库$]
union all
select 日期，商品编码，数量，售价，'出库' as 状态 from [出库$]
```

图13-34 基本数据透视表

步骤02 为透视表添加一个计算字段"金额"，其计算公式为"=数量×进价"，然后修改字段名称。

步骤03 为字段"状态"添加一个计算项"库存"，其计算公式为"=入库-出库"。这样，数据透视表就为图13-35所示的情形。

		状态	值							
		出库			入库			库存		
日期	商品编码	进价	:数量	求和项:金额	进价	:数量	求和项:金额	进价	:数量	求和项:金额
2018-1-10	A0001	35	500	17500	30	1100	33000	-5	600	-3000
	A0002	28	700	19600	23	1500	34500	-5	800	-4000
	A0003	31	800	24800	26	1900	49400	-5	1100	-5500
	A0004	29	700	20300	24	1200	28800	-5	500	-2500
	A0005	45	900	40500	40	1500	60000	-5	600	-3000
	A0006	32	900	28800	27	1500	40500	-5	600	-3000
2018-1-11	A0001	35	800	28000	30	1300	39000	-5	500	-2500
	A0002	28	900	25200	23	1300	29900	-5	400	-2000
	A0003	31	500	15500	26	1100	28600	-5	600	-3000
	A0004			0			0	0	0	0
	A0005	45	600	27000	40	1300	52000	-5	700	-3500
	A0006			0			0	0	0	0
2018-1-12	A0001			0			0	0	0	0
	A0002			0			0	0	0	0
	A0003			0			0	0	0	0

Sheet1 | 入库 | 出库

图13-35 添加了计算字段“金额”和计算项“库存”后的数据透视表

步骤04 在图 13-35 所示的透视表中，库存项目中的进价数据是错误的，但由于它是自定义计算项，因此可以在透视表单元格里直接将其公式进行修改，也就是在字段“进价”数据列的每个单元格中将公式“= 入库 – 出库”修改为“= 入库”，就得到了需要的进销存报表，如图 13-36 所示。

		状态	值							
		入库			出库			库存		
日期	商品编码	进价	:数量	金额	进价	:数量	金额	进价	:数量	金额
2018-1-10	A0001	30	1100	33000	35	500	17500	30	600	18000
	A0002	23	1500	34500	28	700	19600	23	800	18400
	A0003	26	1900	49400	31	800	24800	26	1100	28600
	A0004	24	1200	28800	29	700	20300	24	500	12000
	A0005	40	1500	60000	45	900	40500	40	600	24000
	A0006	27	1500	40500	32	900	28800	27	600	16200
2018-1-11	A0001	30	1300	39000	35	800	28000	30	500	15000
	A0002	23	1300	29900	28	900	25200	23	400	9200
	A0003	26	1100	28600	31	500	15500	26	600	15600
	A0004			0			0	0	0	0
	A0005	40	1300	52000	45	600	27000	40	700	28000
	A0006			0			0	0	0	0
2018-1-12	A0001			0			0	0	0	0
	A0002			0			0	0	0	0
	A0003			0			0	0	0	0

Sheet1 | 入库 | 出库

图13-36 进销存报表

这样得到的进销存报表是一个动态的报表，如果工作表“入库”和“出库”中的数据发生变化，就可以随时刷新报表，迅速得到新的报表。

将字段“商品编码”拖放至筛选区，就可以筛选某个商品入库、出库及库存情况了，如图 13-37 所示。

商品编码	A0002								
	状态	值							
	入库			出库			库存		
日期	进价	:数量	金额	进价	:数量	金额	进价	:数量	金额
2018-1-10	23	1500	34500	28	700	19600	23	800	18400
2018-1-11	23	1300	29900	28	900	25200	23	400	9200
2018-1-12			0			0	0	0	0
2018-1-13	23	1200	27600	28	800	22400	23	400	9200
2018-1-14	23	1900	43700	28	800	22400	23	1100	25300
2018-1-15	23	1300	29900	28	900	25200	23	400	9200

图13-37 筛选查看某个商品的入库、出库、库存情况

第 14 章
使用数据透视表快速制作明细表

一位从事 HRM 的同学说:"想从全年 12 个月的工资表里把每个部门的员工薪资表拉出来,再把重要岗位的几个大领导的全年 12 个月工资分别拉一个表格出来,我手下的薪资经理折腾了 2 天才干完。"

这样的问题,就是如何从海量流水数据里,快速制作指定项目的明细表,绝大部分人处理这样问题的思路是:筛选—复制—插入新工作表—粘贴。其结果是不堪重负。

本章将介绍如何把一份海量的数据浓缩成一个数据透视表,再使用透视表的有关技能快速制作明细表。此时有两种方法可以实现。

(1)双击单元格。
(2)显示报表筛选页。

前者每次只能制作一个指定项目的明细,后者可以把某个类别的所有项目明细一次性都制作出来。

14.1 一次制作一个明细表

通过单击透视表汇总单元格可以把指定项目的明细数据快速拉出来,并自动保存到一个新工作表,下面举例说明。

案例 14-1

图 14-1 所示为员工基本信息表,要求如下。

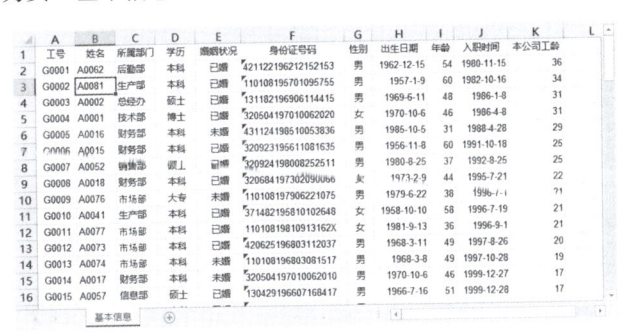

图 14-1 员工基本信息表

(1)制作销售部、本科学历、年龄在 30~40 岁之间的员工名单。
(2)制作年龄在 40 岁以上未婚的员工名单。
(3)制作所有学历为硕士的员工名单。

具体的操作步骤如下。

步骤 01 创建基本的数据透视表，进行基本的布局，如图14-2所示。

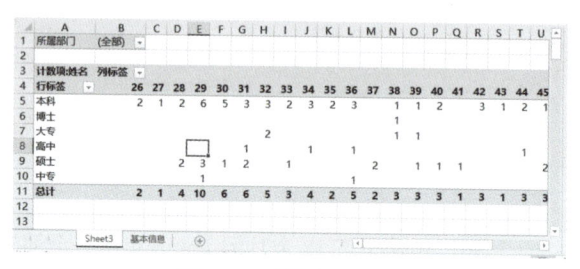

图14-2　基本的透视表

步骤 02 在年龄的任一单元格右击，执行快捷菜单中的"组合"命令，打开"组合"对话框，对年龄按要求进行组合（如图14-3所示），就得到组合年龄后的透视表，如图14-4所示。

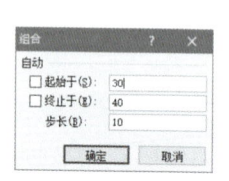

图14-3　准备组合年龄　　　图14-4　组合年龄后的透视表

下面就是制作各种需要的明细表的具体操作步骤了。

制作销售部、本科学历、年龄在30~40岁之间的员工名单。

步骤 03 从"所属部门"中选择"销售部"，然后双击行标签为"本科"和列标签为"30～40"的交叉汇总单元格（这里是单元格C5），就得到了满足条件的明细表，如图14-5所示。

图14-5　销售部、本科学历、年龄在30~40岁之间的员工名单

制作年龄在40岁以上未婚的员工名单。

步骤 04 重新布局透视表，如图14-6所示；然后双击"未婚"和">40"的交叉单元格（这里是单元格D5），就得到需要的明细表，如图14-7所示。

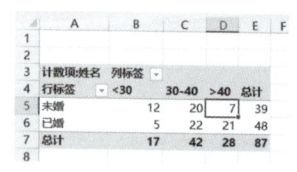

图14-6　重新布局透视表　　　图14-7　年龄在40岁以上未婚的员工名单

制作所有学历为硕士的员工名单。

步骤 05 重新布局透视表，以学历为行标签字段，然后双击硕士对应的数字单元格（这里是图14-8所示的单元格B8），就得到了需要的明细表，如图14-9所示。

图14-8 以学历为分类字段　　　　　图14-9 学历为硕士的员工名单

这种双击方法制作明细表是很方便的，只要把透视表布局、设置好，然后双击汇总数字单元格，就可以很快得到需要的明细表，不管条件是一个还是多个。

但是，这种方法每次只能做一个明细表，如果要想一次做很多个明细表，就需要使用下面的方法了。

14.2　一次批量制作多个明细表

可以使用数据透视表的"显示报表筛选页"功能来快速批量制作明细表，这种方法很简单，很容易掌握。

扫码看视频

案例14-2

以14.1节中的员工基本信息表为例，要制作每个部门的员工名单，每个部门保存一个工作表，每个工作表名称就是该部门名称，主要步骤如下。

步骤01 根据员工基本信息数据，制作基本的透视表，把所有的字段都拉到行标签里，如图14-10所示。

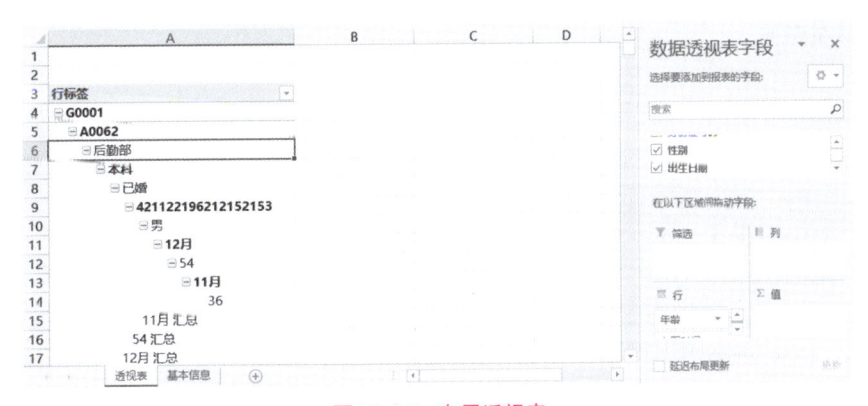

图14-10　布局透视表

步骤02 清除数据透视表样式，取消所有字段的分类汇总，取消行总计和列总计，并以表格形式显示透视表。这样，透视表就变为如图14-11所示的形式。

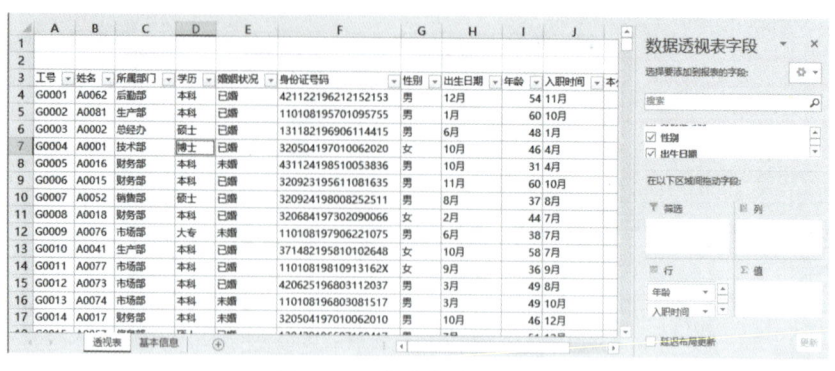

图14-11　格式化后的透视表

步骤 03　将字段"所属部门"拖到"筛选"区域，然后在"分析"选项卡中单击"选项"下拉按钮，在弹出的下拉菜单中选择"显示报表筛选页"命令（如图14-12所示），打开"显示报表筛选页"对话框，保持默认，如图14-13所示。

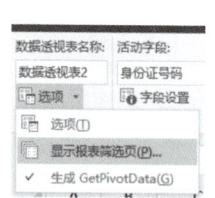

图14-12　选择"显示报表筛选页"命令　　　图14-13　"显示报表筛选页"对话框

步骤 04　单击"确定"按钮，就得到了每个部门的明细表，如图14-14所示。

步骤 05　这种方法得到的每个部门明细表，实质上是把原始的透视表复制了N份，然后在每个透视表中筛选部门。因此，实际上还是透视表。

如果想把这些部门透视表转换为普通的表格，首先全部选中这些工作表，将透视表选择粘贴成数值即可。

图14-14　每个部门的员工明细表

第 15 章
联合数据透视图和数据透视表构建数据分析模型

前面已经讲解了如何创建数据透视表，如何利用透视表来分析数据、制作各种分析报告。本章将介绍如何创建数据透视图，并联合利用数据透视表和数据透视图来创建个性化的数据分析报告。

数据透视图是以图形形式来表示数据透视表中的数据，就如同在数据透视表中一样，可以随时更改数据透视图的布局和显示的数据，从而使得数据透视图成为一种交互动态图表。

15.1 创建数据透视图

在创建数据透视表时，同时也可以创建数据透视图，也可在创建数据透视表后，再创建数据透视图。

创建数据透视图非常简单，总的来说有以下两种基本方法。
◎ 在创建数据透视表时创建数据透视图。
◎ 在现有数据透视表的基础上创建数据透视图。

15.1.1 在创建数据透视表时创建数据透视图

如果想同时创建数据透视表和数据透视图，可以在"插入"选项卡中单击"数据透视图"下拉按钮，在弹出的下拉菜单中选择"数据透视图和数据透视表"命令（如图 15-1 所示），两者会同时创建，如图 15-2 所示。

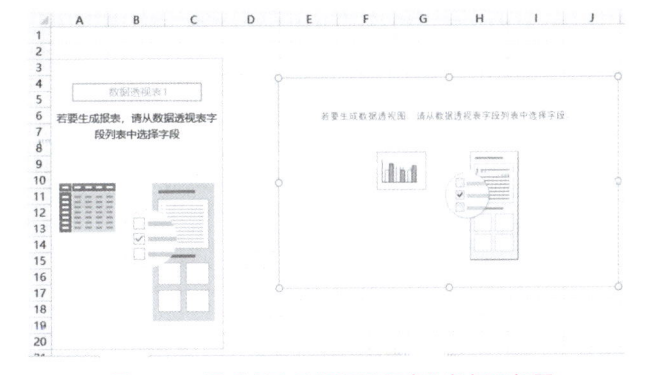

图 15-1 选择"数据透视图和数据透视表"命令

图 15-2 同时创建的数据透视表和数据透视图

对数据透视表进行布局，就得到汇总报表以及相应的图表，如图 15-3 所示。在默认情况下，数据透视图是普通的簇状柱形图。

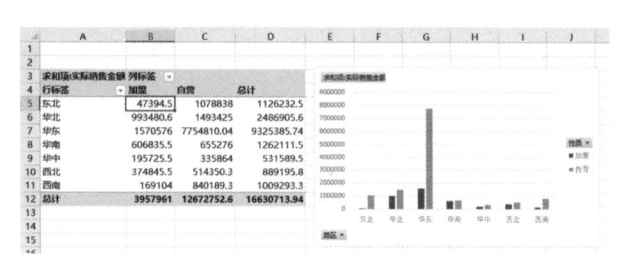

图15-3　布局数据透视表，同时绘制了柱形图

15.1.2　在现有数据透视表的基础上创建数据透视图

如果已经创建了数据透视表，想要绘制数据透视图，则单击数据透视表内任一单元格，然后在"插入"选项卡中选择某种类型的图表即可。图15-4所示为在已经创建的数据透视表基础上，绘制的数据透视图（饼图）。

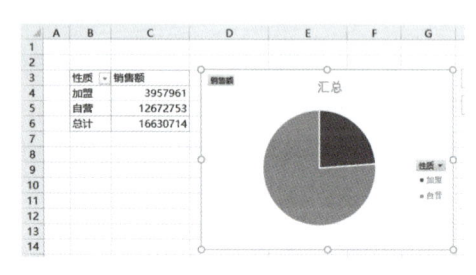

图15-4　数据透视表创建饼图（数据透视图）

15.1.3　数据透视图的结构

数据透视图除了具备普通图表的图表元素外（如图表区、绘图区、数值轴、分类轴、数据系列和图例等），还有自己特有的一些元素，如字段和项，从而可以添加、旋转、筛选或删除字段和项来显示数据的不同视图。

数据透视图的结构如图15-5所示。

图15-5　数据透视图的结构

数据透视图也有自己的字段窗格，称为"数据透视图字段"窗格。这个窗格的结构与数据透视表字段窗格一模一样，只不过是换了一个大标题而已。

可以在这个窗格里拖放布局字段，实现对数据透视图的控制和灵活展示。

15.1.4　关于数据透视图分类轴

数据透视图的分类轴，永远是数据透视表的行标签。在绘制透视图时，要特别注意这点。也就是说，要先按照这个要求进行透视表布局，才能得到需要的图表。如图 15-6 所示为透视表不同的布局方式对透视图的影响，可与图 15-3 进行对比，看看有什么不同。

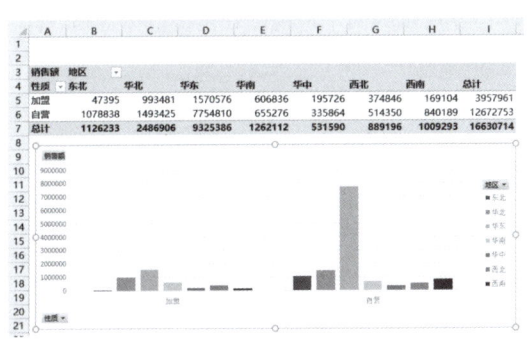

图15-6　数据透视图的分类轴是行标签

15.1.5　关于数据透视图的数据系列

在普通图表中既可以按列画图，也可以按行画图。但在数据透视图中只能按列画图，数据系列是数据透视表的各列数据，即列标签里的数据。

15.2　数据透视图的美化

数据透视图的美化与普通图表的美化基本一样，但也有些差异。

15.2.1　数据透视图的常规美化

与普通图表一样制作完毕数据透视图后，必须对图表进行格式化处理。例如设置系列格式，设置图表区格式，设置绘图区格式，设置图标标题格式，设置分类轴格式，添加数据标签等。这些操作并不难，与普通图表的操作是一样的。

15.2.2　数据透视图的特殊处理

在默认情况下，数据透视图上会有字段按钮，不是很美观，需要将其隐藏。方法是在透视图上对准某个字段按钮单击鼠标右键，执行快捷菜单中的"隐藏图表上的所有字段按钮"命令，如图 15-7 所示。

图15-7　不显示透视图上的字段按钮

15.3　利用数据透视图分析数据

数据透视图是一种动态交互图表，当创建了数据透视图后，就可以利用数据透视图的特殊功能来展示分析结果了。比如，从不同的角度来分析数据，从不同的项目来分析数据，根据自己的习惯采用不同的分析方法。

15.3.1　通过布局字段分析数据

可以通过数据透视图字段窗格布局字段，或者通过数据透视表字段窗格布局字段，从各个角度分析数据。不同的布局，会有不同的表格结构，也就有不同的分析结果和图形展示。

例如，图 15-8 和图 15-9 所示的两个透视图就是把行标签和列标签互换了一下位置，分析的数据和要表达的重点信息就不一样了。

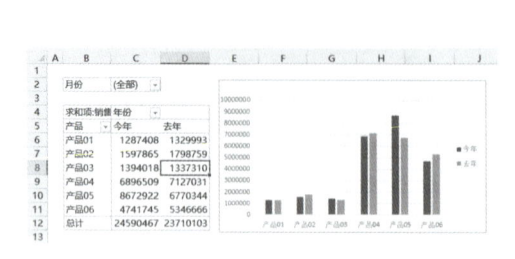

图15-8　以产品为行标签（分类轴） 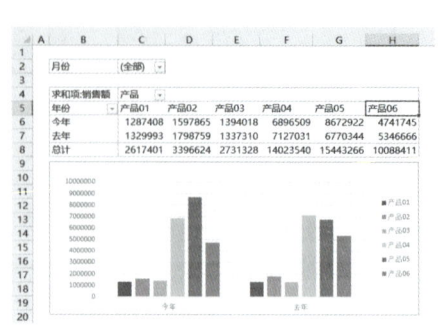　　　　图15-9　以年份为行标签（分类轴）

15.3.2　通过筛选字段分析数据

可以通过在数据透视表筛选字段，或者在数据透视图里筛选字段，来分析指定的项目。例如，图 15-10 所示就是分析某个月各个产品两年销售同比分析。

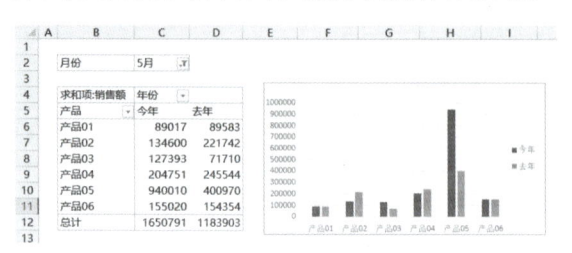

图15-10　筛选字段分析数据

15.3.3　利用切片器控制数据透视图

在使用筛选字段的方法控制数据透视图时，这种筛选操作很不方便，需要去某个字段处单击下拉箭头，再选择项目，步骤比较烦琐。

可以使用切片器来快速筛选字段。如图 15-11 所示为透视表插入了两个切片器，一个筛选店铺性质，另一个筛选地区，从而观察不同城市的销售情况。

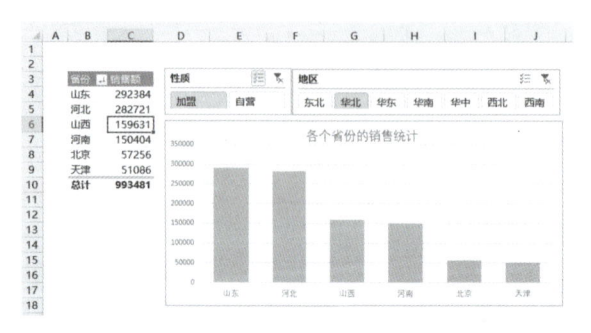

图15-11　利用切片器控制透视表和透视图

在有些情况下，需要从多个角度分析数据，制作了多个透视表和透视图，那么就可以使用切片器同时控制这几个透视表和透视图，如图 15-12 所示。不过需要注意的是，这些透视表必须都是使用同一个数据源制作的，最好是复制的透视表。

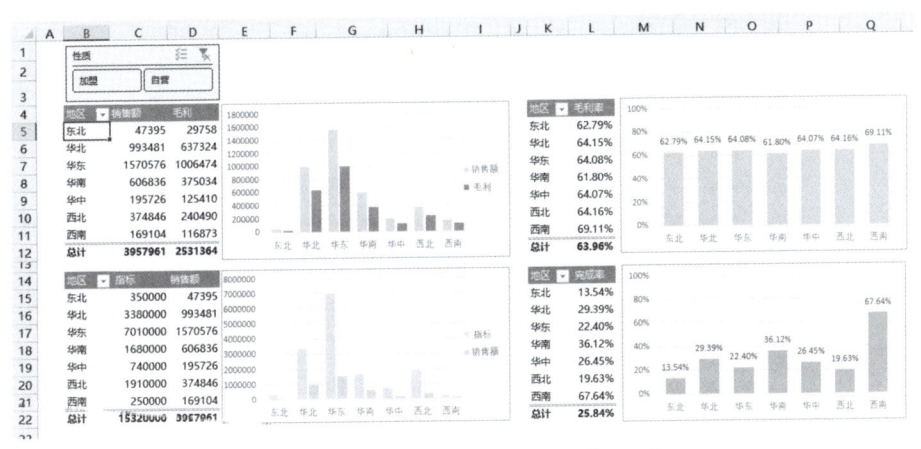

图15-12　一个切片器控制多个透视表和透视图

15.4 数据透视图和数据透视表综合应用案例

了解了数据透视图的基本操作和注意事项后，下面结合几个例子来介绍如何联合利用数据透视表和数据透视图分析数据。

15.4.1 一个简单的二维表格动态分析

二维表格是实际工作中经常遇到的表格之一，这样的表格实际上已经是一个两个维度的汇总表了。现在要对这个表格的两个维度进行分析，那么，使用数据透视表和数据透视图，无疑是最简单、最高效的方法。

案例15-1

图 15-13 所示是一个各产品在每个月的销售数据汇总表，现在要全面分析各产品在每个月的销售情况。

图15-13　产品销售汇总表

建立多重合并计算数据区域透视表。

步骤 01 对这个二维表格数据区域建立多重合并计算数据区域透视表，也就是把这个二维表格转换为一个透视表，如图 15-14 所示。

图15-14 创建一个数据透视表

下面就可以利用这个数据透视表，联合使用切片器和数据透视图，对各产品的销售数据进行各种分析了。

步骤 02 重新布局透视表，插入切片器和透视图，分析某种产品每个月的销售情况，如图 15-15 所示。

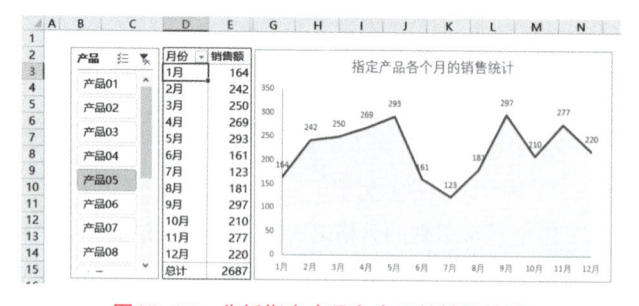

图15-15 分析指定产品各个月的销售统计

步骤 03 复制一份透视表，重新布局，按产品分类，并将销售额降序排序，插入切片器，选择月份，得到如图 15-16 所示的指定月份下各种产品销售额排名分析报告。

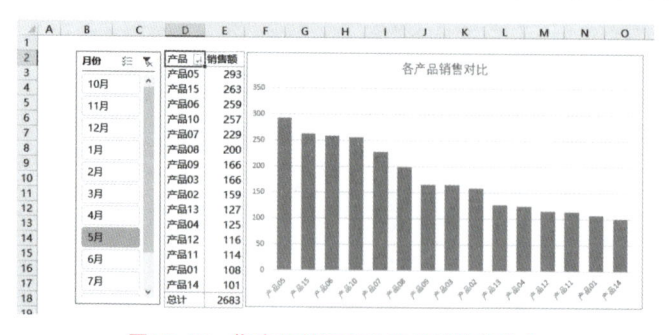

图15-16 指定月份下各种产品销售的排名

> **注意**
>
> 两个透视表的切片器要分别控制各自的透视表。

15.4.2 一个稍复杂的流水数据分析

流水数据的分析要关注的维度就更多了，此时，如果创建数据透视表，并使用切片器控制报表筛选和透视图显示，就会让分析更加灵活。

案例15-2

图 15-17 所示是从系统导出的销售明细，现在要求对这些销售数据进行多维度分析，并将分析结果可视化。

	A	B	C	D	E	F	G
1	客户简称	业务员	月份	存货编码	存货名称	销量	销售额
2	客户03	业务员01	1月	CP001	产品1	15185	691,975.68
3	客户05	业务员14	1月	CP002	产品2	26131	315,263.81
4	客户05	业务员18	1月	CP003	产品3	6137	232,354.58
5	客户07	业务员02	1月	CP002	产品2	13920	65,818.58
6	客户07	业务员27	1月	CP003	产品3	759	21,852.55
7	客户07	业务员20	1月	CP004	产品4	4492	91,258.86
8	客户09	业务员21	1月	CP002	产品2	1392	11,350.28
9	客户69	业务员20	1月	CP002	产品2	4239	31,441.58
10	客户69	业务员29	1月	CP001	产品1	4556	546,248.53
11	客户69	业务员11	1月	CP003	产品2	1898	54,794.45
12	客户69	业务员13	1月	CP004	产品4	16957	452,184.71
13	客户15	业务员30	1月	CP002	产品2	12971	98,630.02

图15-17 系统导出的原始销售数据

创建普通的数据透视表。

步骤01 首先对数据区域创建普通的数据透视表，如图 15-18 所示。

分析指定产品下客户销售。

步骤02 将透视表复制一份，用客户做分类，插入筛选产品的切片器，并创建排名柱形图，得到如图 15-19 所示指定产品的销售前 10 大客户分析报告。

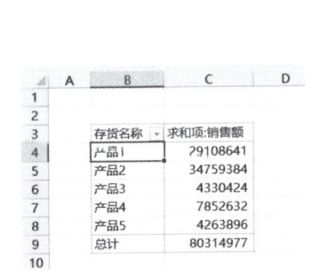

	A	B	C	D
1				
2				
3		存货名称	求和项:销售额	
4		产品1	29108641	
5		产品2	34759384	
6		产品3	4330420	
7		产品4	7852632	
8		产品5	4263896	
9		总计	80314977	

图15-18 创建基本数据透视表

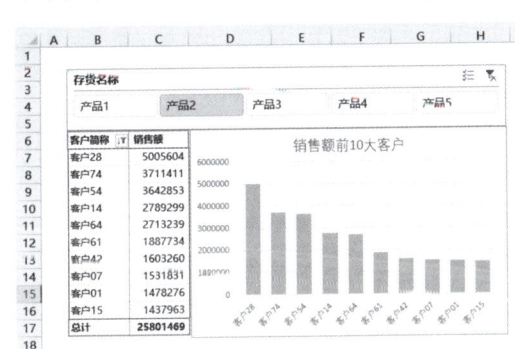

	A	B	C	D	E	F	G	H
2					存货名称			
3								
4					产品1	产品2	产品3	产品4	产品5
6		客户简称	销售额					
7		客户28	5005604			销售额前10大客户		
8		客户74	3711411					
9		客户54	3642853					
10		客户14	2789299					
11		客户64	2713239					
12		客户61	1887734					
13		客户42	1603260					
14		客户07	1531831					
15		客户01	1478276					
16		客户15	1437963					
17		总计	25801469					

图15-19 分析指定产品的销售前10大客户

分析指定客户的产品销售。

步骤03 将透视表复制一份，用产品做分类，插入筛选客户的切片器，并创建饼图，得到如图 15-20 所示指定客户的产品销售结构分析报告。

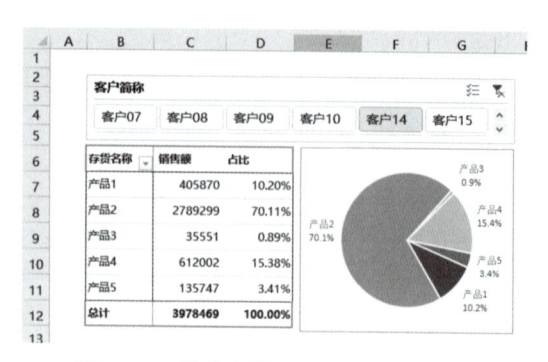

图15-20　指定客户下产品销售结构分析

分析客户销售排名。

步骤04 可以制作两个报告，一个是销售量前10大客户，另一个是销售额前10大客户，并使用切片器来筛选查看指定的产品，报告如图15-21所示。这里一个切片器控制两个透视表。

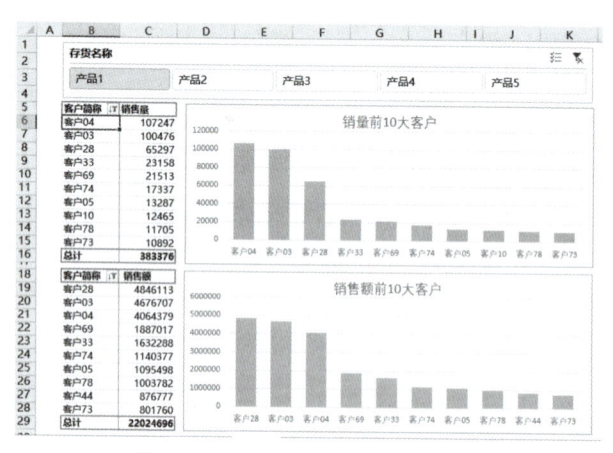

图15-21　销量和销售额前10大客户

第16章
数据透视表的其他应用案例

数据透视表的应用是广泛而又灵活的，不仅用在数据汇总和分析方面，也可以用在其他的应用之中。有的实际问题使用函数公式来解决会非常复杂，但是如果使用数据透视表来解决，将会使问题变得非常简单。本章介绍几个数据透视表的其他应用场景。

16.1 生成不重复的新数据清单

对于查找重复数据，很多人会使用条件格式，或者复杂的公式。如果使用数据透视表，则可以迅速找出哪些数据有重复，重复了多少次等。

16.1.1 在某列中查找重复数据并生成不重复的新数据清单

案例16-1

图 16-1 所示是一份材料编码，里面有重复的，现在要求统计哪些编码重复了，重复了几次，然后整理出一份不重复编码清单。

以这一列数据创建数据透视表，并以编码作为行标签和值字段，就得到如图 16-2 所示的结果。这里，把数据透视表显示在当前工作表的 E 列位置。

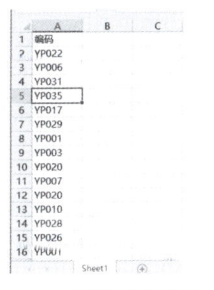

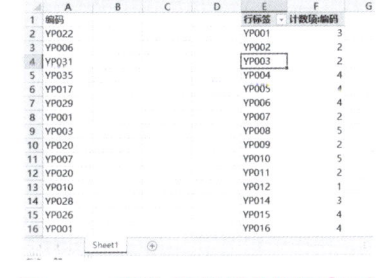

图16-1 原始的编码表　　图16-2 E列和F列位置是数据透视表

E 列就是不重复的编码清单，将这个编码表复制到其他位置，作为以后数据管理的基本资料来使用。F 列就是每个编码出现的次数。

16.1.2 在多列中查找重复数据并生成不重复的新数据清单

案例16-2

图 16-3 所示为两列数据，它们之间有些是重复的。现在要将重复的数据查找出来，并将所有重复的数据只保留一个，与没有重复的数据一起生成一个新数据清单。

由于是对两列数据进行统计，因此如果利用数据透视表解决这样的问题，就需要创建多重计算数据区域的数据透视表。但是多重计算数据区域的数据透视表要求表格必须至少有两列数据。因此，需要将数据区域进行必要的设计。

在每列数据的右侧插入一个辅助列，并在该列的各个单元格中输入数字1，如图16-4所示。

图16-3　两列编码

图16-4　在每列数据右侧添加辅助列，输入数字1

以这两个数据区域制作多重合并计算数据区域透视表，如图16-5所示，得到如图16-6所示的结果。

图16-5　添加两个编码及其辅助列数据区域

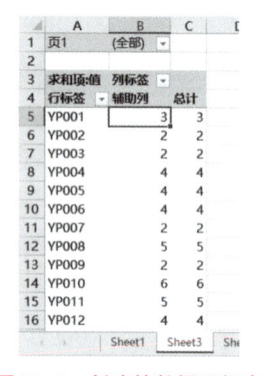

图16-6　创建的数据透视表

对数据透视表进行设置，取消列总计和行总计，取消分类汇总，重新布局，就得到了如图16-7所示A列的不重复编码清单，同时，也可以查看每个编码在两个表的出现次数。

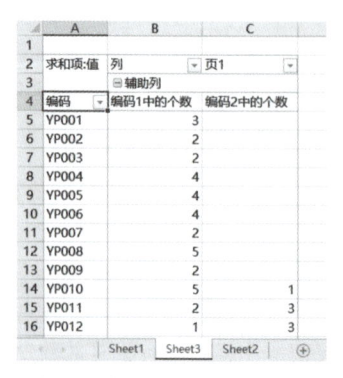

图16-7　A列是不重复编码表，B列和C列分别是在两个表的出现次数

16.1.3 在多个工作表中查找重复数据并生成不重复的新数据清单

在多个工作表中查找重复数据并生成不重复的新数据清单，与在工作表的多列中查找重复数据并生成不重复的新数据清单相比，其基本方法和步骤是相同的，也就是要先为各个工作表的数据设计辅助列，并输入数字1，然后再创建基于这些工作表数据的多重合并计算数据区域的数据透视表，最后进行排序处理及复制粘贴操作。感兴趣的读者可自行练习。

16.2 快速核对数据

核对数据是很多人经常碰到的问题之一，要找出两组数据的差异，核对数据有很多种方法，这里介绍如何利用数据透视表来快速核对数据。

16.2.1 单列数据的核对

案例16-3

图16-8所示是两个工作表数据，现在要核对每个项目的金额在两个表格中是否一样。

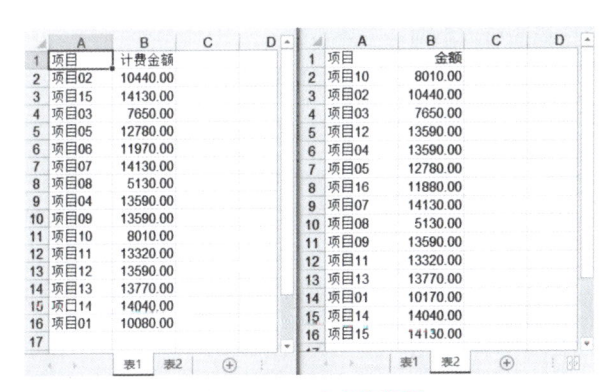

图16-8 两个表格数据

很多人会使用函数进行核对，这并不是一种好的方法，因为要在几个工作表中进行反复的核对，工作量较大。

使用多重合并计算数据区域数据透视表是最简单的方法，得到的结果也是非常直观、清晰的。下面是主要步骤。

步骤01 以两个表格数据制作多重合并计算数据区域透视表，如图16-9所示。
步骤02 取消数据透视表的行总计，取消分类汇总。
步骤03 为字段"列标签"添加一个计算项"差异"，计算公式为"=计费金额－金额"。
步骤04 如果数据量很大，差异计算出的0就会很多，此时可以设置Excel选项，不显示工作表中的数字0。核对结果如图16-10所示。

图16-9　创建的基本透视表　　　　图16-10　核对结果

16.2.2　多列数据的核对

案例16-4

图16-11所示是企业员工社保计算表和从社保所下载的社保缴纳表，现在要求根据姓名对这两个表进行核对，查看哪些人的三项保险金额对不上？差异数是多少？哪些人漏记了？

如果仅仅是根据姓名核对，并且没有重名，那么这个问题使用多重合并计算数据区域透视表是最简单、效率最高的。下面是主要步骤。

步骤01　以这两个表格数据创建多重合并计算数据区域透视表，得到一个基本的数据透视表，如图16-12所示。

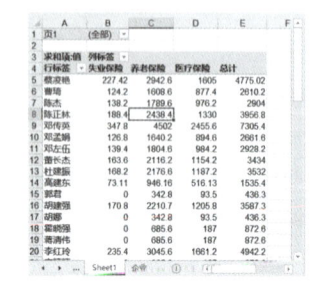

图16-11　两个社保金额表　　　　图16-12　创建的基本透视表

步骤02　将字段"项1"拖放到"列标签"中，就得到如图16-13所示的表格。

图16-13　重新布局数据透视表

步骤03 格式化透视表，取消行总计，取消分类汇总，清除表格样式，设置为表格形式显示，修改项目名称等。

步骤04 为字段"项1"插入一个计算项"差异"，公式为"= 企业 – 社保所"。

步骤05 最后设置 Excel 选项，不显示工作表中的数字0，核对效果如图 16-14 所示。

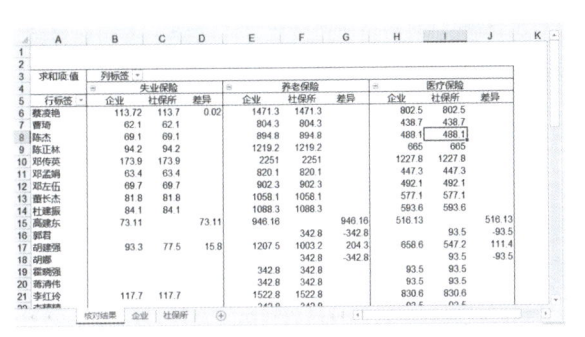

图 16-14 基本的核对差异表

这样，就可以很清楚地看出两个表格的每个社保项目金额的差异。

16.3 转换表格结构

表格结构的转换是数据处理和分析中常见的工作之一。由于原始表格结构的不合理，无法对数据进行灵活分析，因此，必须先将表格结构整理转换。

16.3.1 将二维表格转换为一维表格

在案例 2-8 中，介绍了如何利用多重合并计算数据区域透视表将二维表格快速转换为一维表格，详细步骤请参见 2.2.10 小节的相关内容。

16.3.2 将多列文字描述转换为一个列表清单

有时候也会遇到有很多列的表格，每列是一个部门下员工姓名列表，现在要做成一个员工名单清单，以便于输入其他数据，并进行分析。

案例16-5

图 16-15 所示就是这样的一个表格，现在要求转换为右侧所示的名单清单。主要步骤如下。

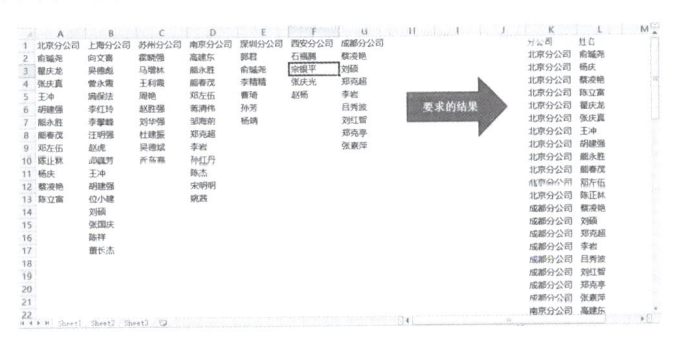

图 16-15 原始数据及要求的结果

步骤01 在原始数据区域左侧插入一个辅助列，输入标题和任意的数据，如图16-16所示。

图16-16 在原始数据区域左侧插入一个辅助列

步骤02 制作包含辅助列在内的数据区域的多重合并计算数据区域透视表，得到基本数据透视表，如图16-17所示。

步骤03 双击透视表最右下角的两个"总计"交叉单元格，就可得到一个明细表，如图16-18所示。

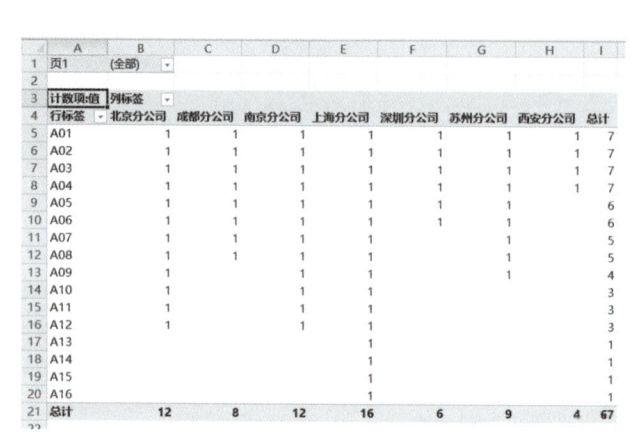

图16-17 制作的基本数据透视表

图16-18 得到的明细表

步骤04 删除A列和D列，把表格样式清除，并把表格转换为区域，修改标题。

步骤05 注意，此时的姓名列有空格，然后选择B列，删除B列所有空单元格的行，最后就得到需要的结果。